李 毓 佩 数 学 科 普 文 集

Collections of **Li YuPei**'s Works
on Popular Science in
the **Field of Mathematics**

李毓佩●著

数学
动物园

长江出版传媒
Changjiang Publishing & Media

湖北科学技术出版社
HUBEI SCIENCE & TECHNOLOGY PRESS

图书在版编目（CIP）数据

数学动物园 / 李毓佩著. -- 武汉:湖北科学技术
出版社,2019.1　（2022.1重印）
（李毓佩数学科普文集）
ISBN 978-7-5706-0383-1

Ⅰ.①数… Ⅱ.①李… Ⅲ.①数学–青少年读物 Ⅳ.①O1-49

中国版本图书馆CIP数据核字(2018)第143545号

数学动物园

SHUXUE DONGWUYUAN

执行策划：彭永东　罗　萍　　　　　　　内文插画：米　艺
责任编辑：彭永东　王　璐　　　　　　　封面设计：喻　杨

出版发行：湖北科学技术出版社　　　　　　电话：027－87679468
地　　址：武汉市雄楚大街268号　　　　　邮编：430070
　　　　　（湖北出版文化城B座13－14层）
网　　址：http://www.hbstp.com.cn

印　　刷：湖北画中画印刷有限公司　　　　　　　　邮编：441300

710×1000　1/16　　　　　19.75印张　　　　4插页　　　　252千字
2019年1月第1版　　　　　　　　　　　　　2022年1月第2次印刷
　　　　　　　　　　　　　　　　　　　　　　　定价：70.00元

目 录
< CONTENTS >

1. 数学怪侠猪八猴

猪八猴出世

某市的郊区有一座白色的大楼，门口挂着"动物基因研究所"的牌子，这是全国最大的基因研究中心。院子里有许多存放试验动物的大棚，里面有克隆牛、克隆羊、克隆兔……

实验室里，两个穿着白大褂的科研人员正在工作。一个是上了年纪的、胖乎乎的费教授，他是世界上著名的基因专家；另一个是年轻的瘦高个侯博士，他是费教授的助手，也是一位思想十分活跃的科学家。

费教授对侯博士说："我说侯博士，我们克隆出了牛，也克隆出了羊，就差克隆猪啦！"

侯博士连忙点头说："对，对，费教授说得对。我们应该马上克隆猪！"两人在实验室内开始了紧张的工作。

费教授擦了把头上的汗："快成功了，我出去一下。你要注意观察。"

侯博士点点头："您放心吧，我会注意的！"

费教授刚走，侯博士就开始动脑筋。他自言自语地说："每天都是

牛克隆出牛，羊克隆出羊，克隆的都是单一品种，没劲！能不能来点新鲜的？嗯——有啦！这儿有现成的猴子基因，我把它注射到猪胚胎中去，嘻嘻，一定好玩！"趁教授不在，侯博士把猴子的基因注射到了猪胚胎中。

这样过了一段时间。一天，侯博士急急忙忙来向费教授报告。

侯博士说："费教授，克隆猪长出来了。"

费教授高兴地说："很好啊！"

侯博士摸了一下脑袋，说："不过，这只猪长得十分特别，它长得像猪，动作却像猴子。"

"啊？"费教授听了大惊失色，"快去看看！"

两人跑到实验室，看见了这只奇怪的小猪。它外形长得和猪没什么区别，只是耳朵比一般的猪小了点儿，鼻子也短些，身子也比一般的猪瘦了点儿。费教授刚想说什么，只见这只小猪敏捷地跳了起来，"吱"的一声，挠了费教授一把。费教授吓了一跳，连说："怪物，怪物！"

费教授摇了摇头："这显然是一个新品种，我们应该给这只新品种的小猪起个名字。"

侯博士早有准备，抢着说："它长得像猪，应该是猪八戒的后代，可是它又像孙猴子那样灵活，就给它起名'猪八猴'吧！"

"猪八猴？好，就叫猪八猴！"费教授高兴地同意了。

巧遇老狐狸

夜深了，猪八猴还没有入睡。他想：我在这儿只能给人做试验品，生活没有自由，还是趁晚上没人逃出去吧，逃到大森林去！说干就干。夜色中，猪八猴跑起来像猴子一样敏捷，他三蹿两跳，就逃出了动物基因研究所。

猪八猴逃进大森林，看见一只老狐狸躺在树下叫喊："哎哟——疼死我啦！"

猪八猴跑过去关心地问："你怎么啦？我能帮你吗？"

"都赖小白兔！"老狐狸生气地说，"小白兔给我出了一道题，要我把64个草莓放在3个盘子里，要使每个盘子里的草莓数都带8，并且每盘的草莓数都不一样。我想啊想啊，一不留神摔进坑里，把脚摔伤了。"

"你想出来了吗？"

老狐狸摇摇头："就算摔成这样，我也没想出来！"

"我帮你算。"猪八猴就是热心，"比64小的、带'8'的数有8、18、28、38、48、58，一共6个。"猪八猴分析说，"首先要从这6个带'8'的数中选出3个，使这3个数的和恰好等于64。"

"这可怎么选哪？"老狐狸还是没有办法。

猪八猴说："58和48都太大，不管选哪一个，其他两个数就没法选了。"

老狐狸抢着说："最大只能选38！"

猪八猴夸奖说："你老狐狸挺聪明的啊！"

"嘿嘿！"老狐狸干笑了两声，"不然，大家为什么都叫我狡猾的狐狸呢？"

猪八猴说："这样一来，问题就好解决了。由于8+18+38=64，所以，3个盘子里的草莓数分别是8个、18个和38个。"

老狐狸一竖大拇指："你比我还聪明！"刚说完，老狐狸又捂着脚"哎哟哎哟"叫了起来。

猪八猴皱着眉头问："你的脚怎么办哪？"

老狐狸一脸痛苦地说："你帮我请鸡大夫来，他会治脚伤。"

李毓佩
数学科普文集

猪八猴人生地不熟，他问："我到哪里去找鸡大夫？"

老狐狸眼珠一转："你一直往东走，就会看到鸡和兔子共 4 只，他们用 10 条腿往前走。"

"这是怎么回事？"猪八猴想了想，说，"对了，鸡有 2 条腿，而兔子有 4 条腿，不一样。我要算算有几只兔子、几只鸡。"

"假设这 4 只都是鸡，应该有 4×2＝8（条）腿。现在多出来 2 条腿，说明其中有 1 只兔子，其余 3 只是鸡。"猪八猴很快就算出来了。

老狐狸点点头，说："数学不错。"

猪八猴问："3 只鸡中，哪个是鸡大夫？"

老狐狸立刻回答："最肥的那只。"

猪八猴觉得救人要紧，答应一声就匆匆离去。

猪八猴刚走，老狐狸乐得手舞足蹈："过一会儿，我又吃鸡来又吃猪，又唱歌来又跳舞。"

其实猪八猴并没有走远，他长了个心眼儿，躲在一棵大树后面，看到了老狐狸的表演。

猪八猴一转头，看见一只白脸狼正朝这边走来，顿时想到一个好主意：老狐狸没安好心，我让白脸狼去治他！他赶紧写了一张纸条，贴在了树上。

白脸狼看见了树上的纸条，高兴地说："纸条上说，老狐狸捉来了 2 只鸡和 2 只小猪。哇，这么多好吃的，我也去分一份！"

白脸狼拿着纸条找到了老狐狸："老狐狸，纸条上白纸黑字写着，你这儿有 2 只鸡和 2 只小猪。咱俩可要见面分一半哪！快分我 1 只鸡和 1只小猪。"

老狐狸一听，蹦得老高："啊？这是谁在胡说八道？我只骗来了 1 只小猪，鸡还没骗到手呢！怎么，全归你啦？没门儿！"

老狐狸的诡计

听老狐狸说不给，白脸狼立刻翻了脸，瞪红了眼睛，张开满口的利齿吼道："老狐狸，你是不是活腻啦？"说着就要扑上来。

老狐狸连退三步，心想：好汉不吃眼前亏。他眼珠一转，计上心来。

老狐狸笑了笑，说："狼老弟不要发火嘛！肥鸡、小猪你都想要是不是？这样吧，我出一道题，你要是能答上来，肥鸡和小猪就全归你了。嘿嘿，如果你答不出来，这肥鸡和小猪还是全部归我。"

老狐狸也不等白脸狼回答，就在地上画了一幅图：

$$\triangle \quad \triangle \quad \triangle$$
$$\star \quad \triangle$$
$$\square$$

老狐狸指着图说："最上面一行代表一个三位数，它的数字之和等于中间一行的两位数。这个两位数的数字之和等于最下面的一位数□。你告诉我□是几。"

白脸狼吞吞吐吐地说："这个……三位数是三个三角形，两位数是一个五角星和一个三角形，一位数是一个正方形。这里面连一个数字都没有，让我怎么求呀？"白脸狼根本不会做，他的脸色由白变成红。

老狐狸冷笑："嘿嘿，你答不出来，这肥鸡和小猪就全归我了。"

猪八猴在树后看得一清二楚，他小声叫白脸狼："喂，白脸狼，你过来，我帮你算。"

白脸狼回头看，是一只小猪在叫他。白脸狼心想：这只小猪能帮我算出来当然更好，算不出来我就把他吃掉。

白脸狼对老狐狸说："我去趟厕所，回头再说。"

白脸狼对猪八猴半信半疑："你会做？"

猪八猴问白脸狼："三个△相加得一个两位数☆△，这个两位数的个位数还是△，你想这个△可能是几呀？"

其实白脸狼也不笨，他想了想，说："我从 1 开始，一个一个试。△不可能是 1，因为 1+1+1＝3，3 是一个一位数，而☆△是两位数，不对。2 也不对，因为 2+2+2＝6，6 是一位数，也不可能是 3 和 4。唉，到底是几呀？"

猪八猴鼓励说："再往下试。"

白脸狼皱着眉头算："下一个该 5 了。嘿，5 可以，5+5+5＝15。对了，△＝5，☆＝1。而 1+5＝6，□＝6。哈，我算出来啦！"

白脸狼高兴地跳着狼步舞，跑回来对老狐狸说："我算出来□＝6，肥鸡和小猪全归我了！"

老狐狸吃了一惊：这道题他白脸狼硬是做出来了！但是老狐狸怎么能甘心把到嘴的美食交给白脸狼呢？他眼珠一转，笑了笑，说："老弟果然聪明！但是，你还没有出题考我呢！你要是能把我考住，肥鸡和小猪就全归你了。"

白脸狼心想：我哪会出题呀？他对老狐狸讲："我还要去趟厕所。"白脸狼转身又去找猪八猴。

老狐狸故作吃惊地问："怎么？肥鸡还没吃，就拉肚子啦？"

白脸狼找到猪八猴，说了老狐狸要他出题的事。猪八猴想了想，写了道题递给白脸狼："题在这张纸条上。"

白脸狼神气十足地拿着纸条回来，对老狐狸说："这题你见过吗？题目中有'小肥猪香'，多新鲜，多刺激！这里的☆代表一位数，让你求☆等于多少。条件是：

$$☆＋☆＝小，$$
$$☆－☆＝肥，$$
$$☆×☆＝猪，$$

$$☆÷☆＝香，$$

$$小＋肥＋猪＋香＝100。"$$

这道题还真让老狐狸有点晕乎，他拍了拍脑袋，说："小肥猪香，这我是知道的。这个☆嘛，我也应该会求。"

白脸狼撇撇嘴说："别吹牛！这么难的问题，你能做出来？"

老狐狸皱着眉头说："这五个等式中，最容易算的是☆÷☆＝香，☆÷☆肯定等于1，嘻嘻，有门儿！"

老狐狸接着说："☆－☆肯定等于0。这就说明'香'等于1，'肥'等于0。"

白脸狼摇摇头："你求出'香'和'肥'有什么用？人家让你求☆！"

老狐狸白了白脸狼一眼："急什么？题要一步一步去做。求出了'香'和'肥'，就有小＋0＋猪＋1＝100，得到小＋猪＝99。"

白脸狼立刻瞪大了眼睛："你不是说小猪就1只吗？这里'小'加'猪'怎么等于99了？你是不是藏起来了？"

"和你这种数学盲说不明白！"老狐狸接着做，"让☆取最大的一位数9，这时9＋9＝18，9×9＝81，而18＋81＝99，这就是说，☆＝9是对的。算出来了，☆等于9。"

白脸狼也不知道老狐狸算得对不对，立刻一捂肚子："我去趟厕所。"

老狐狸说："你这肚子坏得还挺厉害的！"

中了药针

"小猪——小猪——"白脸狼到处找小猪。

"嘻嘻！我在这儿！"白脸狼抬头一看，发现猪八猴正坐在树上。

白脸狼感到十分奇怪："小猪怎么会上树呢？我从来没看见过猪

上树。"

猪八猴笑着说："我不是普通的小猪，我是新品种——猪八猴！"

白脸狼馋得舌头在嘴上舔了一圈："猪八猴，我怎样才能吃到肥鸡？"

猪八猴往前一指："前面就是鸡大夫的家，有能耐你去吃呀！"

白脸狼心想：我先去把鸡吃了，回头再来吃你这个猪八猴。他对猪八猴说："你先等我一会儿，我很快就回来。"说完就急匆匆地向鸡大夫家奔去。

"鸡大夫诊所"的大门紧闭，门上有许多铁钉，旁边还有字。

白脸狼念道："你如果能把每边 6 个铁钉变成 7 个，门将自动打开。"

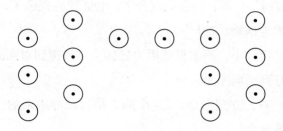

"这还不容易？"白脸狼从中间随便拔起一个铁钉，放到另一个位置。

门"吱呀"一声打开一道小缝，白脸狼正愣神的工夫，一根针从门缝里面射出来，正扎在白脸狼的脑门儿上。

"呀！有暗器！"白脸狼大叫一声，倒在了地上。

这时老狐狸赶来了。

"哈哈！"老狐狸幸灾乐祸地说，"白脸狼中了鸡大夫的药针，慢慢睡吧！看我的！"

"应该这样排！"老狐狸重新排起了铁钉。

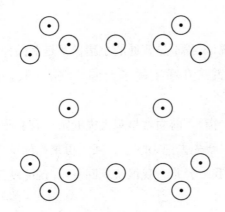

精神病人

只听"吱呀"一声，门自动打开了，老狐狸高兴极了："哈哈，看我把鸡大夫一家连锅端！冲！"

由于屋子比较小，而老狐狸用力过猛，结果撞到对面的墙上，又反弹回来，正好弹到病床上。

鸡大夫一看，立刻命令："这个病人是自己冲进来的，肯定有精神病，快把他捆起来！"

"是！"两名鸡护士立刻用皮带把老狐狸捆在了病床上。

老狐狸拼命挣扎："我没有精神病，我是来吃你们的！"

鸡大夫眉头一皱："这个病人还胡言乱语，快给他打一针镇静剂！"

听说要打针，老狐狸挣扎得更厉害："我精神正常！我没病！我就是想吃鸡，我不打针！"但是一切挣扎都是没用的，鸡护士给老狐狸打了一针。

正巧猪八猴走了进来。

猪八猴问："这个病人闹什么呢？"

鸡大夫说："这只老狐狸得了精神病，还硬说自己没病。"

"这个好办。"猪八猴说，"他说他没病，我考他一道题，如果答对了，说明他真的没病。如果答错了，你就按精神病给他治，准没错！"

老狐狸有点等不及了："你快出题！"

"你听好了。"猪八猴开始出题，"你往正东走 10 步，往正北走 10 步，往正西走 10 步，往正南走 10 步，你走出去多远？"

这时镇静剂已经开始起作用了，老狐狸用力瞪了瞪眼，说："我走出去 40 步。"

猪八猴摇摇头，说："不对！你一步也没走出去，又转回到了原地。"

"我白走了 40 步！"老狐狸说着，上下眼皮开始打架了。他自言自语地说："我这是怎么啦？"

鸡大夫走近了问："你哪儿不舒服？"

老狐狸断断续续地说："我——饿，我要吃——鸡——"

猪八猴赶紧把话接过来："啊，我明白了。他说他要吃激素。鸡大夫，给他吃 200 克激素吧！"

听说吃激素，老狐狸猛地睁大了眼睛："哇，吃 200 克激素？吃完了我就成母鸡啦！"

这时，一名鸡护士报告说："大夫，外面还躺着一个呢！"

鸡大夫说："把他抬进来。"两名鸡护士把中了药针的白脸狼也抬了进来。

鸡大夫拔掉白脸狼脑门上的针："他中了麻醉针，先把他捆在床上，过一会儿他就醒过来了。"

鸡大夫要带着鸡护士出诊，他说："猪八猴先生，我们要出诊，请你帮忙照顾这两个病人。"

猪八猴满口答应："没问题，你们放心走吧！"

过了一会儿，白脸狼醒了过来，他看见猪八猴在身边，就说："猪八猴，快把我放喽！"

老狐狸也清醒过来，他大声叫道："先放白脸狼？那怎么行啊？猪八猴，先放我吧！"

猪八猴问："放了你们？你们想干什么？"

白脸狼抢着回答："等鸡大夫和鸡护士回来，我把他们都吃啦！"

老狐狸一听着急了："不，不对！是我把他们都吃啦！人家都是说狐狸吃鸡，从没说过白脸狼吃鸡。"

猪八猴摆摆手说："你们不要争了。我把你们俩都放了，你们打一架，谁胜谁吃！"

"这个——"老狐狸有点犹豫，他小声对猪八猴说，"我老了，打不过年轻力壮的白脸狼。你给我吃点兴奋剂怎么样？"

猪八猴听说老狐狸要吃兴奋剂，觉得挺新鲜："嘻嘻，运动员吃兴奋剂要受罚，不过，你吃了没事，我不会罚你。"

猪八猴从药房里找出一包兴奋剂："这是兴奋剂，你吃吧！"

老狐狸这次长了心眼，他问："这包兴奋剂有多少克？吃少了不管用，吃多了才能有劲儿呢！"

猪八猴看了看说明书，对老狐狸说："它的质量是个三位数，三个数字之和是12，百位数加上3得7，个位数加上2得8。具体是多少克，自己算。"

"这点小账，难不倒我老狐狸。"老狐狸边说边算，"百位数是7-3=4，个位数是8-2=6，十位数是12-4-6=2。这包兴奋剂重426克。"他一把夺过兴奋剂，一口吞了下去，"哇，我将极端兴奋，天下无敌！冲！"他喊叫着朝白脸狼奔去。

狐狸斗狼

"嗷——"白脸狼双眼血红。

"嗷——"老狐狸把嘴张得有盆大。

两个打成了一团。

白脸狼觉得今天老狐狸的力气特别大，就问："老狐狸，你哪来这么大劲儿？"

老狐狸"嘿嘿"一乐："我吃了426克兴奋剂，药力发作啦！嗷——"老狐狸奋力扑了上去。

白脸狼被老狐狸这股邪劲儿吓蒙了，说："等你过了药劲儿，我再找你算账！"说完狼狈败逃。

"哈哈，我老狐狸胜啦！"老狐狸高兴极了。

可是，由于药力正在发作，老狐狸不停地乱蹦乱跳，想停下来都难。

老狐狸问猪八猴："唉，我怎么停不住啦？"

猪八猴说："可能是神经中毒，我来测试一下你的精神是否正常。"

老狐狸催促说："快给我测试一下吧！"

猪八猴说："有16只鸡要分住在5间房子里，每间房子里都要有鸡，而且每间房子里的鸡的只数都不一样，问：怎么个住法？"

"这个容易。"老狐狸说，"5间房子里分别住1、2、3、4、5只鸡就成了。"

"不对！"

"为什么不对？"老狐狸不服。

猪八猴说："1＋2＋3＋4＋5＝15，现有16只鸡，还有1只鸡没有房子住呢！"

"没有地方住？"老狐狸说，"干脆把那只鸡给我吃了算啦！"

猪八猴瞪大了眼睛："啊？你什么时候都不忘了吃啊！"

老狐狸忽然觉得口渴，便大声叫道："哎呀，我渴得要命！"

猪八猴解释说："吃完了兴奋剂都口渴。你等着，我去想想办法。"

不一会儿，猪八猴抱回来一个大西瓜。

老狐狸看见大西瓜，高兴极了，口水一个劲儿地往外流："大西瓜！这可救了我的命啦！快切开！"

猪八猴并不着急切西瓜，他说："要先答题，然后才能吃西瓜。答对了，你吃。答错了，我吃！"

"哇，你想把我馋死！"老狐狸急得抓耳挠腮，"你快出题吧！"

猪八猴说："我把西瓜先横切 2 刀，再竖切 3 刀，能得几块西瓜，几块西瓜皮？"

"先横切 2 刀，把西瓜分成 3 块。再竖切 3 刀，又把西瓜分成了 4 块。"老狐狸边想边比画着。

老狐狸一拍大腿："我算出来了，3×4＝12，能切 12 块。"

猪八猴问："有多少块西瓜皮？"

"这还用问？"老狐狸说，"12 块西瓜当然是 12 块西瓜皮喽！"

猪八猴摇摇头，说："不对，是 14 块西瓜皮。"

"不可能！我老狐狸连这么简单的问题都能答错？"

猪八猴在纸上画了一幅图，指着图说："你看，中间的两块西瓜，两头都有皮。你答错了，我吃西瓜啦！"

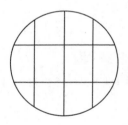

猪八猴大口吃西瓜，把老狐狸馋得口水四溅。

猪八猴吃完一块西瓜，抹了抹嘴："真甜！真好吃！真解渴！"

"哇，你要活活把我馋死！"老狐狸馋得又蹦又跳。

_____ 数学动物园　李毓佩
数学科普文集

大头虎

"嗷——"一声虎啸，一个大老虎头伸进了门。

"哇，老虎！"老狐狸吓得全身发抖。

停了一会儿，老虎问："有好吃的吗？"

"你的声音好耳熟啊！"猪八猴打开门仔细观察这只老虎，"你这只老虎，怎么长个大脑袋小身子？"

老虎说："我和你一样，也是用转基因技术得到的新品种——大头虎。"

猪八猴若有所思，问："你有多重？"

"我的体重写在这张纸条上。"大头虎在一张纸条上写了些什么，然后递给了猪八猴。

猪八猴接过纸条，只见纸条上写道：

$$虎 = ● - ▲ - ▲$$

$$■ = ▲ \div 2$$

$$● = ▲ \times 9$$

$$■ = 12 （千克）$$

老狐狸在一旁伸长了脖子，看了看纸条，摇摇头说："这上面画的净是三角形、正方形和圆形，都是什么乱七八糟的？"

猪八猴却说："不乱！已知正方形是 12 千克，可先算出三角形来。"说完猪八猴开始计算：

由 $12 = ▲ \div 2$

可得 $▲ = 12 \times 2 = 24 （千克）$

又由 $● = ▲ \times 9$

可得 $● = 24 \times 9 = 216 （千克）$

再由 $虎 = ● - ▲ - ▲$

最后得 $虎 = 216 - 24 - 24 = 168 （千克）$

"你这只大头虎还不到 200 千克？我看你倒像一只狼！"猪八猴顺手把大头虎的头套摘掉，原来它正是白脸狼假扮的。

老狐狸问白脸狼："你怎么又回来啦？"

白脸狼做了个鬼脸："我不能让你一人把鸡大夫、鸡护士都吃啦，我也要分一份。"

猪八猴忽然想起了什么："我出去看看鸡大夫回来没有。"

老狐狸点点头："你快去！"

猪八猴刚一离开，老狐狸对白脸狼说："咱俩别争了，还是分分吧：我吃鸡大夫和一名鸡护士，你吃猪八猴和另一名鸡护士，怎么样？"

白脸狼也很知趣，赶紧点头同意："就这么办！"

突然，门外响起了脚步声。

老狐狸和白脸狼都听见了，他们高兴地说："哈，准是鸡大夫回来啦！一顿美餐开始了！"

老狐狸探头向外看了一眼，却吓得"啊"的一声，一屁股坐在地上。

白脸狼问："你怎么啦？"

老狐狸两眼发直："猪八猴把森林警察找来了！"

话没说完，猪八猴就领着全副武装的森林警察鸵鸟、褐马鸡和大鹅走了进来。

猪八猴指着老狐狸和白脸狼说："就是他们俩想谋害鸡大夫和鸡护士！"

老狐狸的脸上露出一股杀气，他小声对白脸狼说："咱俩不能束手就擒哪！"

白脸狼点头同意："咱们和他们拼了！"

"别着急。"老狐狸眼珠一转，"先弄清楚他们来了多少人。"

老狐狸笑嘻嘻地问猪八猴："你带来多少森林警察？"

猪八猴想了想，说："鸵鸟加褐马鸡是 5 只，鸵鸟加大鹅是 8 只，褐马鸡加大鹅是 7 只。"

老狐狸赶紧计算："5+8+7＝20，这 20 正好是警察数的 2 倍，来了 10 名警察！"

白脸狼一听，立刻耷拉着脑袋："完了！"

吃药给钱

鸵鸟警官分别给老狐狸和白脸狼戴上手铐："想吃鸡大夫？走，上法庭去！"说完押着老狐狸和白脸狼走了。

鸡大夫回来了，正好和老狐狸打了一个照面。

鸡大夫一招手："别走，他们俩用了我的镇静剂和兴奋剂，还没给钱哪！"

老狐狸瞪大了眼睛："啊？我受了半天罪，还要交钱？"

鸡大夫说："受罪是你自己找的，用药就要给钱！"

老狐狸无可奈何地问："要多少钱？"

鸡大夫给老狐狸一张纸条："纸条上的两笔钱相加，多少钱自己算！"

老狐狸拿着纸条，心算了一会儿："哈，我算出来啦！一共是 750 元。"

"不对！"鸡大夫说，"你把一个加数个位上的 2 错看成 9 了，把另一个加数十位上的 4 错看成 7 了。重算！"

老狐狸假装全身发抖："我看见警察就浑身发抖，数字都看不清楚，算不了。"

猪八猴看老狐狸想赖账，就拿过纸条看了看，说："你把一个加数十位上的 4 错看成 7，多出了 70－40＝30。你又把一个加数个位上的 2 错看成 9，多出 9－2＝7，一共多出 37。正确的金额是 750－37＝

713 (元)。"

老狐狸装出一副可怜巴巴的样子："虽说钱是少了些，可是谁都知道，我老狐狸是穷光蛋，一分钱也没有呀！"

"又想耍赖！"鸡大夫指着老狐狸的鼻子说，"像老狐狸这种坏东西，不给钱就应该受到惩罚！"

老狐狸继续耍赖："我光棍一条，一无所有，你们罚吧！我不怕罚！嘻嘻！"

"既然是穷光蛋，我有办法惩罚他。"猪八猴说着，就把老狐狸捆在了树上。

老狐狸挣扎着说："你要干什么？"

猪八猴对大家说："这里有许多柿子树，地上掉有许多大柿子。大家拾起掉在地上的烂柿子打他，以示惩罚！"

"好！"大家一致同意。

老狐狸咬牙切齿地对猪八猴说："你就会出好主意！"

"注意！"猪八猴说，"大家站在离老狐狸10米远处，每人可以扔6个烂柿子。如果打中一个，再奖励2个！"

"好！"大家一致叫好。

砰！砰！烂柿子砸老狐狸的游戏开始了。

鸡大夫高兴地说："打呀！哈哈，真好玩！"

老狐狸满身的柿子汁："哇，这次我吃足了烂柿子啦！"

鸡大夫乐颠颠地跑过来问猪八猴："我一共扔了14个烂柿子。你说，我打中坏狐狸多少次？"

"让我算算。"猪八猴说，"你应该扔6个柿子，可是实际上，你扔了14个，你多扔了14-6=8（个）烂柿子。由于打中一次可以再扔2个，8÷2=4，所以你打中了4次。"

这边老狐狸大叫："我成落汤鸡了！猪八猴，我跟你没完！"

数 学 动 物 园 李毓佩
数学科普文集

猪八猴一摆手：“大家不要扔了，对老狐狸的惩罚到此为止。”说完给老狐狸松了绑。

老狐狸抹了一把脸上的烂柿子汁，指着白脸狼说：“白脸狼也想吃鸡大夫，为什么只惩罚我？不公平！”

猪八猴说：“谁说不惩罚白脸狼？要罚白脸狼干体力活儿。”

听说干活儿，白脸狼高兴地说：“只要不拿烂柿子砸我就行，干活儿我不怕！”

猪八猴问鸡大夫：“你有什么活儿吗？”

“有！”鸡大夫说，“我要盖三间大小不同的储药室，罚白脸狼给我搬砖！”

白脸狼问：“怎么个搬法？”

鸡大夫往东一指：“东头有 1600 块砖，你把这些砖分别搬到诊所的左边、右边和后边。”

白脸狼又问：“每边放多少块砖？”

鸡大夫回答：“搬到后边的砖要比搬到左边的砖多 200 块，搬到左边的砖要比搬到右边的砖多 100 块。”

“好嘞！”白脸狼开始搬砖，“我每次搬 10 块砖。”他背上 10 块砖一溜烟小跑过去。

没干一会儿，白脸狼头上就见汗了。他想：每次搬 10 块太多，我把它减成搬 6 块。干了足足有 2 个小时，白脸狼累得满头大汗，跑来对鸡大夫说：“搬完了，累死我了！”

鸡大夫问：“三个地方各放了多少块砖？”

白脸狼说：“后边放了 500 块，左边是 600 块，右边是 500 块。左边比右边多 100 块，对吧？”

“不对！”鸡大夫说，“我要求后边比左边多 200 块砖。可是现在后边比左边还少 100 块，这哪里对呀？”

白脸狼有点糊涂:"这是怎么算出来的?"

猪八猴说:"左边比右边多 100 块砖,而后边又比左边多 200 块砖,这样后边比右边多 100+200=300 (块) 砖。"

白脸狼又问:"那——左边、右边和后边应该各多少块砖呀?"

猪八猴解释:"可以先求出放到右边的砖数: (1600-100-300)÷3=400(块)。左边是 400+100=500(块),后边是 500+200=700 (块)。"

"唉,搬错了还得重搬,倒霉!"白脸狼继续搬砖。

最后鸵鸟警官宣布,将老狐狸和白脸狼驱逐出森林。

老狐狸再耍诡计

白脸狼和老狐狸边走边商量。

白脸狼瞪着眼睛说:"老狐狸大哥,难道咱兄弟就让猪八猴这样整治?"

"不能!"老狐狸咬着牙,"我要让这只小猪八猴尝尝我老狐狸的厉害!"

老狐狸伏在白脸狼的耳朵旁小声说着:"咱们这样……"

白脸狼竖起大拇指:"高!实在是高!"

猪八猴正在树林里走着,忽然听到猪的哼哼叫声,愣了一下。

猪八猴转身一看,发现树干上贴着一张纸条,上面写着:

老狐狸和白脸狼正在前面分吃一只大肥猪,这只猪的质量可以从下式算出:

$$🐷×🐷-🐷÷🐷=80(千克)$$

猪头代表一位数,快去解救吧!

"我来算算这只肥猪有多重。"猪八猴说,"由于差数是 80,猪头代

表一位数，这个数一定挺大。从最大的 9 开始试：$9 \times 9 = 81$，$9 \div 9 = 1$，有 $9 \times 9 - 9 + 9 = 81 - 1 = 80$。这个数就是 9，肥猪的质量等于 9 千克。"

猪八猴又一想：不对呀，才 9 千克就称得上是肥猪？

正当猪八猴琢磨的时候，老狐狸和白脸狼从两边跑出来，把猪八猴夹在了中间。

白脸狼恶狠狠地说："猪八猴，你的死期到了，拿命来！"

老狐狸"嘿嘿"一阵冷笑："我们报仇的时候到了！"

猪八猴向后一指："看，鸵鸟警官来了！"

老狐狸和白脸狼一齐扭头向后看："在哪儿？在哪儿？"

趁他们俩扭头的时候，猪八猴"噌噌"几下就爬到了树上。

"我上树把你猪八猴吃了！"老狐狸拼命往树上爬。

白脸狼在一旁加油："对，爬上去把他吃了！"

可是老狐狸不会爬树，爬了半天也没爬上去。

"嘻嘻，爬树挺辛苦的，给你点饮料喝吧！"猪八猴从树上往下撒尿，浇了老狐狸满身。

"哇，臊死了！"老狐狸被熏得从树上滚了下来。

白脸狼叹了一口气："咱俩在地面凶狠无比，可是要上树就都不行了。"

老狐狸抹了一把脸上的尿，狠狠地说："咱俩守在这儿，把猪八猴困死在树上！"

猪八猴坐在树上说："咱们待在这儿也挺无聊的，我给你们出一道智力题吧！"

"好，快出题！"白脸狼也想打发时间。

猪八猴说："现有兔子、山鸡和小羊共 10 只。老狐狸随便拿走 3 只都一定有 1 只兔子。问兔子、山鸡、小羊各有多少只？"

白脸狼听了题目，站起身来揪住老狐狸问："你明明知道我最爱吃兔子，为什么非要拿走兔子？"

老狐狸解释说："这是一道题，不是真的。你可别上了猪八猴的当！"

白脸狼可十分认真，他对老狐狸说："谁不知道你老狐狸狡猾？你必须给我算出有多少只兔子！不然的话，我跟你没完！"

老狐狸瞪了白脸狼一眼："一道题也认真？好，我告诉你：山鸡和小羊只能各有 1 只，而兔子有 8 只。"

白脸狼问："为什么？"

老狐狸说："不然的话，随便拿 3 只可能就没有兔子了。"

白脸狼放心地点点头："这么多兔子够我吃了，太好啦！"

"好什么呀！"老狐狸站起来往树上一指，"看！猪八猴不见了。"

白脸狼抬头一看："啊，真没了！"

奇怪的图形

"猪八猴跑了！"

白脸狼高喊："追！"立刻和老狐狸一阵风似的追了出去。

跑着跑着，白脸狼发现地上画了一张图，便趴下来看。

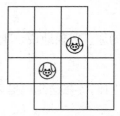

不管正方形的大小，找出含有猪八猴画像的正方形一共有多少个，然后向前走这么多步，就可以找到我。

猪八猴

白脸狼看了一会儿，说："我找到了含有猪八猴画像的 2 个中等的正

数学动物园 李毓佩
数学科普文集

方形，还找到 2 个大的正方形，还有 2 个小的。一共 6 个。"

老狐狸摇晃着脑袋说："不对！像你这样瞎找可不成。要从大到小，按规律去找。你看，大正方形有几个？"

"大正方形有 2 个，中等正方形有 5 个，小正方形有 2 个。一共有 9 个含有猪八猴画像的正方形。"白脸狼这回数明白了。

"对了。"老狐狸得意地说，"这样找，才能不重复，不遗漏。"

"我应该向前走 9 步。"白脸狼边走边数，"1，2，…，8，9，嘿，怎么还是不见猪八猴啊？"

老狐狸和白脸狼走回图中，一人踩着一个猪八猴的画像。

老狐狸愤怒地说："准是猪八猴骗了咱俩，咱俩踩烂他的画像！"

"对！"白脸狼发狠地说，"一、二、三，踩！用力踩！"

只听"轰隆"一声，老狐狸和白脸狼同时掉进了陷阱里。

猪八猴在一旁拍手称快："哈哈，罪有应得！"

斗败了老狐狸和白脸狼，猪八猴继续在森林里闲逛。森林里的小动物看到他，感到很新鲜，嘴里喊着："怪！"都跟在后面看。突然，猪八猴发现了一副墨镜和一条领带。

猪八猴笑着说："这东西真好玩儿！我戴上。"

猪八猴戴上墨镜、系上领带以后，大家都不再喊"怪"了，而是称赞猪八猴："酷！"

这时，猪八猴看见小熊手拿铁锹，守着几棵树苗发愁。

猪八猴是热心人，他走上前去问："小熊，愁什么呢？"

"唉，"小熊指着 1 块三角形的小花园说，"我爸说树苗少，叫我在这个三角形的小花园里只种 2 棵树苗，要使每边都只有 1 棵树。"

小熊皱着眉头说："想三条边都有树，至少需要 3 棵树苗，2 棵怎么行？"

猪八猴说："这么说，是你爸爸有意刁难你啦？"

小熊点点头："有那么点儿。"

猪八猴上前一步，小声问："如果你做不到，会怎么样？"

"那可不行！"小熊瞪着眼睛说，"爸爸肯定要打我屁股！"小熊作打屁股状。

"你应该这样种。"猪八猴在地上画了个图，"这样种不就每边都只有1棵了吗？"

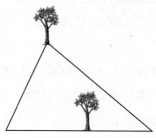

小熊称赞："猪八猴，你真酷！不过，我的任务还没完成呢！"

小熊指着另一个六边形的花园说："我爸还让我在这个六边形的花园中种三棵树，使每边都只有一棵树，这该怎么种呢？"

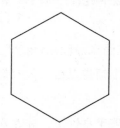

猪八猴一挥手："自己想。"

算命先生

老狐狸虽说掉进了陷阱里，但是并没有摔死。他爬出陷阱，摆了一个地摊，专门给其他动物算命。

老狐狸大声吆喝："算命啦！算命啦！一算一个准！"

小白兔来算命："给我算算，我什么时候有灾难？"

老狐狸胡乱摆弄着自己的手指头，口中念念有词。突然，他大叫一声："哎呀，大事不好！你明天就会有生命危险！"

小白兔一听，两条腿开始哆嗦，他问老狐狸："啊？那可怎么办？"

老狐狸又装模作样地掐指算了一阵："不过，灾难是可以躲过去的。你今天晚上躲进东边的一个大树洞里，就能躲过灾难。"

小白兔对狐狸千恩万谢，一溜烟跑了。

"老狐狸，这些日子可好？"猪八猴走了过来，"你是怎样从陷阱里逃出来的？"

老狐狸看到猪八猴，脸色骤变，不过只一会儿又恢复了正常。老狐狸笑嘻嘻地说："掉进陷阱的是我哥哥。"

猪八猴又问："不对，你们俩怎么长得一模一样啊？"

老狐狸说："我们俩是双胞胎。你也来算命？"

"对！不过为了考察你算得准不准，我先让你算一个数。"

老狐狸满不在乎地说："算什么都行，你说吧！"

猪八猴说："我心中想好三个数。这三个数的和是 90，第一、第二两个数的和是 50，第二、第三两个数的和是 70。你算算这三个数各是多少？"

老狐狸的眼珠在眼眶里转了三圈："这——这三个数都是 30！"

猪八猴一指老狐狸的鼻子："你纯粹胡说！"

老狐狸把白眼一翻，问："你说是多少？"

猪八猴说："三个数的和减去第一、第二个数的和，必然等于第三个数：$90-50=40$。因此第三个数是 40。"

老狐狸问："第一个数呢？"

猪八猴说："三个数的和减去第二、第三个数的和，必然等于第一个数：$90-70=20$。所以第一个数是 20。”

老狐狸又问："那第二个数呢？"

猪八猴一挥手："自己回家算去！"

老狐狸也不生气，自言自语地说："唉，天色已晚，今天晚上还有要紧事，我要赶紧去东边的树洞。"说完急匆匆地走了。

预约条

猪八猴边走边想：狐狸今晚有什么要紧的事，急急忙忙就走了？猪八猴又一想：狐狸让小白兔今天晚上躲进东边的树洞里，现在他也去东边的树洞，不好！想到这儿，猪八猴觉得应该马上去阻止小白兔去东边的树洞。

猪八猴到小白兔的门前喊："小白兔，你今天晚上不能去东边那个树洞！"

见没有应声，猪八猴推开门，看见小白兔正在哭泣："我哪儿也不去了！呜——"

"这是怎么啦？"猪八猴有点糊涂。

小白兔递给猪八猴一张纸条："这是大灰狼刚刚送来的预约条。"

"预约条？"猪八猴问，"预约什么？"

小白兔说："上面都写着呢！"

猪八猴打开纸条，只见上面写着：

预约条

我过 x 分钟来吃小白兔，x 可从下图中通过倍数关系来算。

必须等候！

大灰狼

数学动物园　李毓佩
数学科普文集

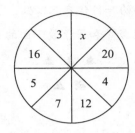

猪八猴看着图说:"这图上的数字是有规律的,相对两角的数有 4 倍的关系。你看:$3 \times 4 = 12$,$4 \times 4 = 16$,$5 \times 4 = 20$,$7 \times 4 = 28$。算出 $x = 28$。也就是说,大灰狼再过 28 分钟就来吃你!"

小白兔非常害怕:"啊?大灰狼再过 28 分钟就来吃我,怎么办哪?呜——"

"不要怕!"猪八猴也写了一张纸条,"你把这张纸条贴在门上,快跟我走!"

刚过 28 分钟,大灰狼就唱着歌来找小白兔:"我和小白兔预约的时间到了,该吃兔子肉喽!啦啦啦——"

大灰狼走近兔子窝,看见门上贴着一张纸条。他感到十分奇怪:"怎么,这儿还贴着一张纸条?我看看上面写的什么。"

只见纸条上写着:

亲爱的大灰狼:

　　为了让你吃得干净卫生,我先去洗个澡。再过 x 小时,我在东边的树洞里等你!

　　x 见背面。不见不散!

小白兔

大灰狼把眼睛一瞪:"小白兔也来一个 x 小时,这 x 是多少?看看背面。"大灰狼翻过背面,见上面写着:

见下图，最上面的一行代表三位数，它的数字和是中间的两位数，这两位数的数字和等于最下面的 x。

x

大灰狼开始计算："▲＝2，行吗？不行！ 2＋2＋2＝6，不是两位数。 ▲＝3 肯定也不成！ ▲＝4，4＋4＋4＝16，和的个位数不是 4，也不成。"

大灰狼苦苦思索："▲＝5 呢？ 5＋5＋5＝15，和的个位数也是 5，成啦！"他高兴地一拍手，"1＋5＝6，这就是说，再过 6 小时，小白兔在东边的树洞里等着我，太好啦！"

大灰狼死等苦熬，好不容易过了 6 小时，他站起来拍拍屁股，说："时间已到，我去树洞吃美餐喽！ 啦啦啦——"大灰狼直奔东边的树洞而去。

这时，老狐狸正藏在树洞里等着小白兔呢！他向洞外看看："天色已晚，小白兔该避难来了，一顿送上门的美餐！ 嘿嘿！"

两坏相会

大灰狼冲树洞里喊："喂，小白兔，洗完澡了吧？ 洗完了快出来！"

"洗澡？ 洗澡干什么？"老狐狸听了十分纳闷，随嘴说，"洗完了，你进来吧！"

大灰狼心里乐开了花：嘻，小白兔让我进去吃他！ 好！大灰狼赶紧往洞里钻。

黑暗中，大灰狼和老狐狸碰在了一起。

大灰狼叫道："小白兔，想死我啦！"

李毓佩
数学科普文集

老狐狸哆哆嗦嗦地说："小白兔，饿死我了！"

大灰狼和老狐狸互相拥抱。

大灰狼心想：他把我也当成小白兔了，嘻嘻！

老狐狸心想：怎么，他把我当成兔子了？好玩！

不过，老狐狸先发现了问题：咦，小白兔怎么这么大个儿？不成，我要弄清楚。我知道小白兔不会数学，我来考考他！

老狐狸说："小白兔，我来考你一道数学题：

鸡、狗共有49，

100条腿往前走，

小兔你来想一想，

多少只鸡？多少条狗？"

"咳，老掉牙的问题。"大灰狼说，"有48只鸡、1条狗。对不对？"

老狐狸吃惊地说："啊，你不是小白兔！你是谁？"

大灰狼也觉得不对，大叫："你是谁？"

大灰狼和老狐狸互相拉扯着走出树洞。

老狐狸气愤地说："让我看看你到底是谁？"

大灰狼的鼻子里直冒热气："谁敢冒充小白兔？"

月光下，他们俩互相看清楚了：

"啊，是大灰狼！"

"哇，是老狐狸！"

老狐狸和大灰狼撕咬在一起。

老狐狸说："还我小白兔！嗷——"

大灰狼说："小白兔是我的！嗷——"

猪八猴在树上看热闹："打得好！使劲咬！哈哈！"

老狐狸忽然觉得不对劲，对大灰狼说："不对呀！咱俩打架，他猪八猴为什么叫好？"

大灰狼说："是啊！问问他。"

老狐狸问："猪八猴，小白兔是不是让你藏起来了？"

大灰狼在一旁催促："快说！"

猪八猴说："小白兔确实是被我藏起来了，我是怕一只兔子不够你们两个吃，你们再打起架来。"

大灰狼一撸袖子："这不是已经打起来了吗？"

猪八猴说："所以我觉得不好办哪！"

老狐狸把眼睛一瞪："不好办也要办！你出个主意吧！"

猪八猴想了想，说："这样吧，我出一道题，谁会做，我就把藏小白兔的地点告诉谁。"

老狐狸心想：要说算题，你大灰狼不是我的对手。他对猪八猴说："你出吧！出难点儿！"

猪八猴在树上挂出一幅画，上边画了一只蝴蝶。

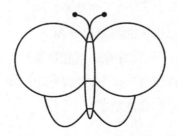

猪八猴指着图说："把 1 到 8 这几个数填进蝴蝶的每一个空白处，相邻的空白处不能填相邻的数字，谁填对了，我就告诉谁小白兔在哪儿。"

兔子上树

大灰狼填出图来："猪八猴，我填好啦！快告诉我，小白兔藏在哪儿？"

李毓佩
数学科普文集

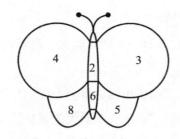

猪八猴摇摇头，说："不对！2和3相邻了，5和6也相邻了。"

老狐狸填完了："我填得怎样？"

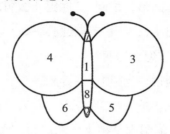

猪八猴点点头："你填对了！"

老狐狸小声说："快告诉我，小白兔在哪儿？"

猪八猴往前一指："就在前面。"

小白兔忽然在前面出现，老狐狸和大灰狼一前一后追过去。

大灰狼吼道："嗷——我至少也要抢到一只兔子腿！追！"

猪八猴快步跑到小白兔跟前，小白兔问："他们追来了，怎么办？"

猪八猴解下领带，摘下墨镜，递给小白兔，说："你快过来戴上我的墨镜，系上领带，站在这儿！"

小白兔以极快的速度戴上墨镜，系上领带，原地直立站好。

老狐狸追过来，看见小白兔，奇怪道："咦？小白兔怎么变成猪八猴了？"

这时，猪八猴披着一条白被单，装成小白兔在前面跑。

大灰狼往前一指："看，小白兔在那儿呢！"

老狐狸一跺脚："追！"

老狐狸和大灰狼在后面一个劲儿猛追，眼看就要追上了，突然，猪八猴爬上了树。

老狐狸大吃一惊："啊？小白兔也会上树啦！"

猪八猴在树上暗笑："哈哈，一对大笨蛋！"

突然，老狐狸捂着胸口倒在了地上，难受地叫喊："哎哟！我犯病了。"

大灰狼弄不清怎么回事，忙问："你犯什么病？"

老狐狸痛苦地摇摇头，说："老年性心脏病，非常危险！"

大灰狼有点慌神："怎么治啊？"

老狐狸有气无力地说："必须——弄来——一只活兔子——的心。"

大灰狼还挺讲义气，忙说："你等着，我去给你捉一只活兔子来！"

看到大灰狼走远，老狐狸从地上一跃而起，哈哈大笑："哈哈！傻狼一个！我略施小计，他就被我骗走了。树上的兔子归我了！"

老狐狸抬头一看，树上坐着的却是猪八猴。

老狐狸觉得奇怪："咦？刚才上树的是小白兔，现在怎么变成猪八猴了？"

老狐狸几岁

猪八猴坐在树上问："我说老狐狸，你说你得了老年性心脏病，我问你，你有多大岁数？"

老狐狸的眼珠左转三圈，右转三圈，咳嗽了一声，说："嗯……你听好了：我们一家四口，年龄之和恰好是 100 岁。我比我老婆大 2 岁，我儿子比我女儿小 8 岁。但是 10 年前我们全家年龄之和是 65 岁。猪八猴，你这么聪明，快算算我有多大岁数吧！"

李毓佩
数学科普文集

猪八猴笑着说："你骗完大灰狼，又想骗我，没门儿！"

这时，树上跑来一只小松鼠。

小松鼠说："猪八猴，这么简单的问题，我都会算！"

猪八猴高兴地说："好啊，你来算！"

小松鼠口中念念有词："老狐狸现在全家年龄之和是 100 岁，10 年前每人都少 10 岁，一共少 40 岁，$100-40=60$，说明 10 年前他们全家年龄之和是 60 岁。"

猪八猴竖起大拇指："小松鼠想得对！"

老狐狸却撇着嘴，一副不买账的样子："对？对你就接着往下算吧！"

小松鼠忽然停了下来，说："可是，不对呀！老狐狸说 10 年前他们全家年龄之和是 65 岁，而不是 60 岁呀？"

老狐狸高兴地跳了起来，幸灾乐祸地叫着："好哇！出问题喽！少了5 岁！"

猪八猴赶紧帮忙："既然多减了 5 岁，你就别减 40 岁，而减 35 岁就成了！"

小松鼠摇摇头："每人减 10 岁，4 个人应该减 40 岁啊！为什么减 35岁啊？"

猪八猴解释说："这只能说明，老狐狸的儿子 10 年前还没有出生，他儿子今年才 5 岁。"

小松鼠听了，高兴地跳了起来："对呀！ 10 年前老狐狸还没儿子呢！凭什么给他儿子也减 10 岁？"

老狐狸立刻低下了头："唉，真骗不了这个猪八猴！"

小松鼠接着算："老狐狸儿子 5 岁，他女儿必然是 $5+8=13$（岁），老狐狸两口子的年龄之和是 $100-5-13=82$（岁），他老婆 40 岁，他 42 岁。"

猪八猴指着老狐狸说："你 42 岁，就装老？其实你就算不老，人家也叫你老狐狸。"

老狐狸请客

老狐狸"嘿嘿"一笑，赶紧把话题扯开："傻狼替我去捉兔子，也不知道捉到没有。我去看看。"说完就走了。

这时，大灰狼一溜烟儿跑来了，还"呼哧呼哧"喘着粗气。

老狐狸问："狼老弟，兔子捉到了吗？"

大灰狼抹了一把头上的汗："咳，转了一大圈儿，连个兔影子都没看见！"

老狐狸眼珠一转，恶狠狠地说："哼！准是猪八猴搞的鬼，兔子不是被他藏起来了，就是被他吃了！我要他给我吐出来！"

大灰狼点点头，说："对！要找猪八猴算账！"

忽然，老狐狸满脸堆笑地说："先不着急找猪八猴算账，狼老弟为我受累了，我要请老弟吃顿饭。"

大灰狼一听老狐狸要请客，自然高兴："你请客？那可太好了！什么时候吃？吃什么？"

老狐狸说："过半小时，你到我家去吧！"

大灰狼点头答应："好，好，我一定去！不见不散！"

老狐狸和大灰狼的对话，被躲在树上的猪八猴听见了，他也想跟着去看热闹。

猪八猴说："抠门的老狐狸会主动请大灰狼吃饭？新鲜！有热闹看了。"说完"噌"的一声从树上跳了下来。

大灰狼看了一下表："呀！时间快到了，我赴宴去喽！"说完便一溜小跑直奔老狐狸家。猪八猴三步并作两步，紧跟在后面。

大灰狼跑到老狐狸家，只见大门紧闭，门口挂着一块牌子，牌子上写着：

李毓佩
数学科普文集

请从 603、613、623 三个数中挑选一个合适的数，填到下面的方框里，填对了门自动打开。

127　343　505　235　451　□

"填哪个数呢？"大灰狼拍着脑袋想了半天也没想出来，"再填不出来，菜都凉了，随便填一个吧！"他急忙把 603 填进了方框。

大灰狼刚填好，就觉得脚下一软，"扑通"一声掉进了陷阱里。

大灰狼大叫："哎呀，这是怎么回事？"

老狐狸推门走了出来，笑呵呵地围着陷阱转了一圈。

老狐狸问："吃饭来了？"

"啊。"大灰狼说，"你说请我吃饭，怎么把我弄陷阱里了？"

老狐狸把眼一瞪："你肯定是捉住兔子然后把它藏起来了。你不把捉到的兔子交给我，就别想出来！"

大灰狼在陷阱里捶胸顿足："冤枉死我了！我现在说什么你也不会相信。我先问你，我刚才填 603 为什么不对？"

"为什么说你傻呢？听我给你解释。"老狐狸说，"你先把前 5 个数的各位数字相加，都得什么？"

大灰狼说："做加法我会，$1+2+7=10$，$3+4+3=10$，$5+0+5=10$，$2+3+5=10$，$4+5+1=10$。它们的和全等于 10。"

"对呀！数字和等于 10 是关键。"老狐狸说，"可是 603、613、623 中只有 $6+1+3=10$，应该填 613 才对，你却填了 603，只好掉进陷阱里！"

大灰狼问："老狐狸，你到底放不放我出去？"

老狐狸毫不退让："不交出兔子，你就别想出来！"

大灰狼把嘴上仰，开始嚎叫："嗷——嗷——"

老狐狸听到大灰狼的嚎叫声，脸色骤变：啊？这是大灰狼发出的求救信号！他一叫，会召来许多狼。老狐狸紧张地问："大灰狼，你会召来多少只狼？"

"嘿嘿。"大灰狼冷笑了两声，"说出来吓死你！"

老狐狸走近一步说："吓不死，你说吧！"

大灰狼说："我召来的秃尾狼加灰狼是 5 只，灰狼加黑狼是 8 只，黑狼加秃尾狼是 7 只。总共来多少只，自己算去吧！"

猪八猴在树后说："来这么多狼，够老狐狸对付的！"

猪八猴说的几句话，被老狐狸听见了。他跑过去抱住猪八猴："好心的猪八猴，大灰狼召来一大批狼来咬我，你可要救救我啊！"

猪八猴摇摇头，说："你这狡猾的老狐狸，让大灰狼的几句话吓糊涂啦？你先算出要来多少只狼啊！"

老狐狸点点头，说："对，对，只有知道来几只狼，才能决定如何对付他们。"

"秃尾狼加灰狼是 5 只，灰狼加黑狼是 8 只，黑狼加秃尾狼是 7 只。哎呀，这怎么算哪！"老狐狸吓慌了神，没辙了。

猪八猴提醒说："我问你，$5+8+7=20$，这 20 应该代表什么？"

老狐狸摇头："不知道。"

猪八猴解释说："由于把秃尾狼、灰狼、黑狼都加了两次，这 20 应该是这三种狼数目之和的两倍。"

"对，对。"老狐狸兴奋地说，"我明白了，20 的一半是 10，这 10 是表明总共要来 10 只狼。其中秃尾狼来 $10-8=2$（只），灰狼来 $10-7=3$（只），黑狼来 $10-5=5$（只）。呀，要来这么多狼啊！"

陷阱里的大灰狼问："够不够？不够我再叫几只来。"

老狐狸连忙摆手："够，够。你可千万别叫了！"

正说着，10 只狼从四面围了上来。

老狐狸一见这阵势，吓坏了，他大叫："猪八猴，救命啊！"

猪八猴："你老狐狸会有办法的。"说完又躲在一边看热闹。

我套你的脖子

不知什么时候，小白兔也跑过来了，和猪八猴一起看热闹。

猪八猴说："你真胆大，这里有这么多恶狼，你也敢来？"

小白兔笑笑说："有你猪八猴在，我还怕被他们吃了？"小白兔又说，"来了10只狼，老狐狸一个怎么对付得了啊？"

猪八猴说："老狐狸比大灰狼狡猾多了，你就看热闹吧！"

只见老狐狸迅速拿出一根绳子，套住了陷阱里大灰狼的脖子。

老狐狸把绳子绕过树杈，把绳子的一头用力一拉，就把大灰狼吊了起来。

大灰狼叫喊："救命啊！"来救援的狼马上要扑上去解救。

老狐狸大喝一声："不许动！再动，我就把他勒死！"

被吊着的大灰狼忙说："大家都别动！听老狐狸的！"

老狐狸看10只狼都不动了，把手中的绳子松了松，说："听话就好！"

被吊着的大灰狼说："老狐狸，你想吃兔子，树林里兔子多得很哪！"

"我怎么不知道？"老狐狸问，"有多少只？说出来我就放了你。"

"这个——"被吊着的大灰狼指着猪八猴说，"猪八猴知道有多少只兔子。"

10只狼转过来围住了猪八猴和小白兔。

黑狼说："猪八猴，快说出树林里有多少只兔子，好让老狐狸把我们大哥放了。不然的话，我们就把你们俩分着吃喽！"

猪八猴两手一摊："好啊，冲我来了！好吧，我告诉你们。"猪八猴在地上画出一排格子：

			3			7		6			

猪八猴指着格子说:"这 12 个格子里都应该有数字,这些数字的特点是,任意相邻的 4 个数字之和都等于 18,这里只填了 3 个数字,而最左边的 4 个数就是你们要的兔子数。至于是多少,你们自己算吧!"

老狐狸把绳子一拉,问大灰狼:"快说出有多少只兔子!"

"别勒,别勒,我这就算。"大灰狼说,"由于任意相邻的 4 个数字之和都等于 18,说明这串数字是以 4 个数字为一个循环的。"

老狐狸问:"往下呢?"

大灰狼说:"可以先把距离数字 3 有三个格子的空格,和距离数字 3 有七个格子的空格中填上数字 3。"

老狐狸填上两个 3:

			3			7	3	6			3

大灰狼又说:"6 和 7 也这样做。"

老狐狸把 6 和 7 填上:

6		7	3	6		7	3	6		7	3

老狐狸看了一下,说:"还缺数呢!"

大灰狼说:"由于 18−3−6−7=2,所以余下的空格全填 2。"

6	2	7	3	6	2	7	3	6	2	7	3

老狐狸高兴得又蹦又跳:"哈哈,有 6273 只兔子,我下辈子也吃不完!"

老狐狸一高兴,绳子撒了手,大灰狼重重地摔在了地上。大灰狼惨叫一声,摔没气了。

秃尾狼走近大灰狼一看:"啊,大哥已经被摔死啦!"

群狼狂怒:"咬死你这只坏老狐狸!"一齐扑了上去。

老狐狸大叫一声:"完了!"便被群狼咬死了。

小白兔竖起大拇指："猪八猴，你真酷！治死了大灰狼，又治死了老狐狸！"

猪八猴高兴地说："嘿，治了一对大坏蛋！"

△□○公司

森林里召开了动物大会，大会上一致选举猪八猴任"不不管部"部长，小白兔任部长助理。

山猫问："不不管部都管什么事？"

猪八猴说："管该管的事。"

山猫又问："不该管的事呢？"

"也管。"猪八猴解释，"所谓'不不管部'其实是什么事都管。"

这天，小白兔跑来说："猪八猴，黄鼠狼开了一家△□○公司，还发奖呢！"

猪八猴说："看看去！"

黄鼠狼穿了一身新衣服，站在公司门口大声吆喝："大家来猜呀！谁能猜到我的公司是干什么的，我发奖！"

小白兔走上前去："我能猜出来你的公司是干什么的！"

"好，你说说看。"黄鼠狼挺感兴趣。

小白兔指着写着公司名称的匾额说："△□○公司中的三角形，表示糖三角。"

黄鼠狼一愣："什么？糖三角？"

"对，是糖三角！糖三角又甜又香。"小白兔又说，"正方形表示方块饼干。"

"啊？方块饼干！"黄鼠狼又是一愣。

"圆嘛……肯定是馅饼！"小白兔对自己的判断十分有把握。

"哈哈。"黄鼠狼笑着说，"你说我开的是食品公司？不对！不对！卖馅饼能赚多少钱哪？我开的是赚大钱的公司。"

"那，我就不知道你是干什么的了。"小白兔闹了个大红脸。

猪八猴走过去说："我知道了！看见了三角形就让人联想起了房顶，看见了正方形就想起了窗户，看见了圆就想起了人的脸面。你开的是赚大钱的建筑装饰公司。"

黄鼠狼一竖大拇指："对！还是猪八猴酷！"

这天，猪八猴和小白兔来到△□○公司，找到了黄鼠狼。

猪八猴问："听说你最近偷税漏税啊？"

一听到偷税漏税，黄鼠狼的脸色更黄了。他说："咳！我家人口多，公司的生意又不好，要养不起家了呀！"

猪八猴又问："你家有多少人？"

黄鼠狼说："我家中当祖母的1人，当祖父的1人，当父亲的2人，当母亲的2人，孩子4人。"

小白兔问："还有吗？"

"有。"黄鼠狼接着说，"孙辈孩子3人，当哥哥或弟弟的1人，当姐妹的2人，当儿子的2人，当女儿的2人，当公公的1人，当婆婆的1人，当儿媳的1人，你说说我家有多少人？"

听了黄鼠狼的介绍，小白兔晃晃脑袋说："这都是什么乱七八糟的，晕死我了！"

"扑通"一声，小白兔真的晕倒在地。

黄鼠狼笑了："让我给说晕了，真好玩！"

"还好玩哪？快抢救！"猪八猴有点急。

黄鼠狼抱歉地说："真对不起，把你的同伴说晕了。"

猪八猴说："不要紧，他晕我不晕就行了。"

经过猪八猴的抢救，小白兔苏醒过来了。小白兔睁开眼说的第一句话就是："黄鼠狼家的人口算出来了吗？"

猪八猴说："黄鼠狼说得非常乱，要慢慢分析。他说的这些人中，一人往往身兼数职。比如祖父，他既是他儿子的父亲，又是他儿媳的公公。"

小白兔点点头："对！"

猪八猴分析说："孙辈孩子3人中，一定是1子2女。这样一来，姐妹2人，哥哥或弟弟1人就对了。这样，孩子4人中的3人，儿子2人中的1人，女儿2人都可以不考虑了。"

"快说有多少人吧！急死我了！"小白兔又要晕过去了。

"好，我说答案。"猪八猴说，"黄鼠狼家有祖父、祖母、父亲、母亲，和孙辈孩子3人，其中1子2女。黄鼠狼家最少有7口人。"

一笔乱账

"你们家人口多，也不能偷税漏税啊！"猪八猴说，"我要查查你的账！"

黄鼠狼拿出账本："我的账没有问题！"

猪八猴打开账本一看，看到账面上有好多数字被墨水盖住了：

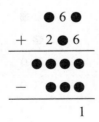

小白兔吃惊地说："啊？账上的数字都被墨点盖住了，这怎么查？"

"盖住了不要紧，听我给你解释。"黄鼠狼说，"这头两笔是我的收入，第四行是我的支出，最下面的一位数是我的纯收入。唉，忙活半天，我只赚了1元钱，好可怜哪！"

小白兔问："被墨点盖住的数，你还记得吗？"

黄鼠狼把脑袋晃得像拨浪鼓："当然不记得！"

小白兔把账本往猪八猴手里一推，说："这账没办法查！"

黄鼠狼在一旁"嘿嘿"直乐："不是没法查，而是没问题！"

猪八猴认真看了看账本，说："我有办法。"他指着账本说，"上面的运算是加法，下面的运算是减法。减法比较容易算。"

小白兔连忙摇头说："你骗人！加法运算，好歹还有三个数，减法连一个数都没有，怎么会容易算哪？"

猪八猴问小白兔："一个四位数减去一个三位数，差等于1。你说这个四位数和三位数应该有什么特点？"

"有什么特点——"小白兔忽然灵机一动，"四位数应该是最小的四位数，而三位数应该是最大的三位数。"

啪啪！猪八猴鼓掌说："对极了！最小的四位数和最大的三位数应该是多少呢？"

小白兔说："最小的四位数是1000，而最大的三位数当然是999。噢，我明白了！"说着就写出一个算式：

$$
\begin{array}{r}
\bullet\,6\,\bullet \\
+\ 2\,\bullet\,6 \\
\hline
1\,0\,0\,0 \\
-\ 9\,9\,9 \\
\hline
1
\end{array}
$$

猪八猴问："那剩下的3个墨点还难算吗？"

"不难了。"小白兔一鼓作气继续算，"在加法中，个位数的●应该等

于 4，因为 4＋6＝10。十位数中的 ● 应该等于 3，因为个位进上来一个
1，所以 6＋3＋1＝10。"

"百位数中的 ● 又等于多少？"

"应该等于 7。"

猪八猴一伸手："黄鼠狼，你把花掉的 999 元的发票拿出来！"

黄鼠狼一摇头："没有。"

猪八猴说："没有发票，你必须到税务所说清楚！"

黄鼠狼一跺脚："倒霉！"

猪八猴押着黄鼠狼去了税务所。

又一份情报

猪八猴在森林里视察，看见豹子高兴得又蹦又跳。

猪八猴上前问："豹子，什么事高兴成这个样子？"

豹子支支吾吾不肯说。猪八猴看地上又有一份重要情报：

重要情报

明天早上天不亮，有小猪分三批从此通过，三批分别是 2
只、3 只、4 只，一共有 9 只小猪要从这棵树前走过。

猪八猴琢磨道："是谁一再发布这种情报？"

猪八猴嘱咐豹子说："9 只小猪，你一只也不能伤！伤了一只，我就
惩罚你！"说完就匆匆走了。

猪八猴一走，豹子冲猪八猴的背影吐了一口唾沫："美味小猪送上
门，我能不吃？没门儿！"

豹子趴在树下开始傻等："9 只小猪啊！我在这儿一直等到明天早上
也值了！"

黄鼠狼在一旁暗笑:"傻豹子! 我去弄几只小老虎来逗逗你,嘻嘻!"

黄鼠狼找到老虎:"虎大王,我亲眼看见有 8 只小猪进入咱们这片森林。"

老虎一听,来了精神:"小猪在哪儿?"

黄鼠狼一脸奸笑:"就这么几只小猪,我看用不着您亲自出马,找几只小虎去就成了!"

"对,杀鸡焉用宰牛刀!"

黄鼠狼问:"虎大王,您有几只小虎?"

老虎立刻警惕起来:"这可是秘密,不能告诉你。"

黄鼠狼眼珠一转:"您不用直接告诉我,您把小虎数乘以 2,减去 1 的结果告诉我。"

老虎心算了一下:"等于——7。"

黄鼠狼立刻叫道:"4 只小虎快出来,吃小猪去喽!"

听说有小猪吃,4 只小虎一齐跑了出来:"我们来了!"

老虎有点儿想不通,问:"我没告诉你小虎有多少只,你是怎么知道的?"

黄鼠狼眯着眼一笑:"是您告诉我的。"

"是我?"老虎更糊涂了。

"对,是您!"黄鼠狼说,"把小虎数乘以 2,再减去 1,您说得 7。我反过来算,(7+1)÷2=4,立刻算出小虎数是 4。"

老虎摇摇头:"难怪人家说,黄鼠狼比狐狸还狡猾。"

黄鼠狼对小虎说:"你们顺着这个方向一直往前走,就能看见小猪了。"

众小虎齐声答应:"好!"

虎豹的争斗

豹子躲在树后等了大半天，连一根猪毛也没看见，十分焦躁不安。

豹子小声嘀咕："9 只小肥猪，怎么一只也不来？真烦！"

突然，4 只小虎跑来，边跑边喊："小猪——亲爱的小猪，你在哪里？"

豹子一听，立刻兴奋起来："啊，管小猪叫亲爱的，他们一定也是小猪。哈，小猪来了！"

豹子此时饥肠辘辘，也顾不上想那么多了，飞身跃起："小猪们，我在这儿等你们半天了！嗷——"豹子扑了上去。

小虎们吓了一跳："啊，豹子！快跑！"

豹子饿红了眼，也不管前面跑的是谁，大声叫道："小猪哪里逃！"

小虎在前面跑，豹子在后面追。突然，老虎挡住了豹子的去路。

老虎吼道："站住！豹子，你睁大眼睛看看，你在追谁？"

豹子一看，吓了一跳："啊，是老虎和小虎！"

老虎怒吼："你敢追杀我的小虎，我岂能饶你！嗷——"老虎要进攻豹子，他一挥手，"儿子们，一起上！"

"嗷——"4 只小虎形成围攻之势。

猪八猴出面阻止："停！停！"

老虎问："为什么要停？"

猪八猴说："先回答我一个问题，谁告诉你们这里有小猪？有几只？"

豹子说："是黄鼠狼说有 9 只小猪啊！"

老虎说："是黄鼠狼说有 8 只小猪。"

猪八猴又问："为什么他告诉你们的小猪数量不一样？"

豹子一愣："为什么？"

老虎也摇头："为什么？"

一只小虎站出来说出了答案："黄鼠狼一会儿说小猪有 8 只，一会儿又说有 9 只，说明他是瞎说！"

猪八猴一拍手："小虎说得对！根本没有什么小猪，他到处发布假情报，企图挑起争斗，制造混乱！"

老虎和豹子都非常生气。豹子咬牙切齿地说："这黄鼠狼也太可恨啦！我们差一点上当！"

老虎双目圆睁："走，找黄鼠狼算账去！"

老虎和豹子一齐去找黄鼠狼算账。他们拐过几个弯儿，到了黄鼠狼的家，却见门上贴着纸条。

豹子敲了敲门，说："黄鼠狼不在。"

老虎指着门说："这儿贴着纸条。"

纸条上写着：

各位上当者：

　　找我很容易，你先向正东走 a 米，再转向正北走 b 米。a、b 都是小于 100 的整数，但不是 1。a 大于 b，a、b 都可以整除以下各数：

　　111，222，333，444，555，666，777，888。

你们忠实的朋友　黄鼠狼

"黄鼠狼还敢说他是我们忠实的朋友？"老虎气得胡须直往上翘。

豹子看着纸条直挠脑袋："这 a、b 等于多少也算不出来呀？还是要找猪八猴。"

猪八猴分析："这些数可以写成：111，2×111，3×111，4×111，5×111，6×111，7×111，8×111。而 111＝3×37。所以 a＝37，b＝3。"

一看算出来了，老虎来劲儿了："咱们先向正东走 37 米，再转向正北走 3 米，找黄鼠狼算账去！"

豹子一撸袖子："我饶不了这个坏东西！"

老虎上当

老虎大步流星地在前面走："先向正东走 37 米，再转向正北走 3 米，到了。"

老虎发现眼前有山洞，山洞的大门关着，门上锁着一把大锁，门上还贴着一张纸条，纸条上写着：

各位上当者，你们好！

我正在里面睡觉，开门的钥匙就在前面不远处的大玻璃瓶子里。

你们的善良朋友　黄鼠狼

老虎四处寻找，果然发现了一个大玻璃瓶子，瓶子里装有一把钥匙。

老虎高兴地说："嘿，钥匙果然在瓶子里！可是怎么打开瓶塞呢？瓶子上有开瓶塞的方法。"

瓶子上写着：

把瓶塞左拧 50 圈，再右拧 60 圈，再左拧 80 圈，再右拧 71 圈，再用力往外一拔，瓶子就开了。这时瓶子里会飘出一股沁人心脾的奇香！

老虎看着瓶子发愣："一会儿左拧 50 圈，一会儿右拧 60 圈，这样拧，非转晕了不可！"

一只小虎过来出主意："把瓶塞左拧 1 圈，再右拧 1 圈，等于没转呀！算一下，左拧 50＋80＝130（圈），右拧 60＋71＝131（圈），131－130＝1，相当于右拧 1 圈。"

"右拧 1 圈，再用力往外拔。这个容易。"老虎要开瓶塞。

"不能拔！"猪八猴跑来阻止说，"里面装的是什么还不知道呢！"

老虎不听，用力拔开瓶塞。嘭！一股奇臭无比的黄鼠狼屁从瓶中冲出。

老虎捂着鼻子大叫："哇，臭死啦！我又上当啦！"

猪八猴给老虎讲道理："黄鼠狼不会在山洞里的。锁在门外面，他能把自己锁在里面吗？"

老虎拍了一下脑门儿："我就是不爱动脑子！"他问，"黄鼠狼会在哪儿呢？"

猪八猴说："为了和其他黄鼠狼取得联系，他肯定会留地址的。"猪八猴翻了翻门上的纸条，发现背面还有字。

"你看，他把地址留在了纸条的背面。"

老虎愤愤地说："黄鼠狼真狡猾！"

纸条背面写着：

我现在住在正西 x 米，x 是一列数 1，5，9，13，17，…，的第 100 个数。

老虎说："谁知道第 100 个数是多少啊？"

"可以算出来。先由前 5 个数找到这列数的规律。"猪八猴边说边写，"$5=1+4\times1$，$9=1+4\times2$，$13=1+4\times3$，$17=1+4\times4$，规律找到了！第 100 个数是 $1+4\times99=397$。"

"往西走 397 米。"老虎带头往西走，没走多远就发现黄鼠狼正在树下躺着。

豹子小声说："黄鼠狼果然在这儿，咱们咬死他！"

"不行！我要把他送交法庭。"猪八猴用铁链锁住了黄鼠狼的脖子。

黄鼠狼一竖大拇指："猪八猴懂法，真酷！"

数 学 动 物 园　李毓佩
数学科普文集

2. 独眼小狼王

狐狸算卦

小熊和狐狸是邻居。一天，小熊兴冲冲地跑来告诉狐狸，他发现了猎人吃剩下的一大块冻鹿肉，明天一早他就要把鹿肉取回来。

狐狸一听说鹿肉，眼珠飞快地转了一圈，舌头在嘴边上舔了一遍，然后一本正经地说："明天？我来给你算一卦吧，看看明天去有没有危险。"

小熊满不在乎地说："哪会有什么危险！"

狐狸凑近小熊悄声说："你敢保证不是猎人设下的圈套？"

"哎呀，照你这么说，我差点上了当！"小熊催促狐狸说，"那你快给我算一卦吧！"

"你是哪年、哪月、哪日生的呀？"狐狸的嘴角露出了一丝微笑。

小熊说："我是 2010 年 1 月 1 日生的。"

狐狸倒背双手走了两步说："被猎人打死的那只鹿我认识，他叫波西。波西是 2000 年 1 月 2 日生的。啊，你们俩有缘分哪！"

狐狸在地上边写边说："把你们出生的年、月、日各自相加：

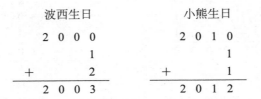

"然后把和的各位数字相加：

2	2
0	0
0	1
+ 3	+ 2
5	5

"你看，最后都得 5。"

"真的！" 小熊被狐狸魔术般的演算惊呆了。

狐狸拍了拍小熊的肩头，认真地说："这个结果说明，你和波西同命运共祸福啊！"

小熊紧张地问："那你说明天我去取鹿肉会有危险吗？"

狐狸掰着指头数了数，说："波西是 2017 年 12 月 1 日被猎人打死的，明天是 2018 年 1 月 11 日，你用上面的方法再算一遍，如果最后结果相同，你明天去取鹿肉必死无疑；如果答案不一样，我保证你明天取肉不会有问题。"

"我来算算。" 小熊赶紧趴在地上算了起来：

波西死日	相加
2 0 1 7	2
1 2	0
+ 1	3
2 0 3 0	+ 0
	5

我明天取肉		相加
2 0 1 8		2
1		0
+ 1 1		3
2 0 3 0		+ 0
		5

"哎呀！"小熊惊叫了一声，"结果都得 5，我明天万万去不得！"

狐狸得意地"嘿嘿"直笑。

狐狸致瘸

小熊第二天早上没敢去取鹿肉，怕中猎人的圈套。第三天一大早，小熊冒着刺骨的寒风跑去一看，鹿肉没了。小熊找了半天，一点儿影子也没有，便垂头丧气地往家走。

小猴灵灵从树上跳下来，对小熊做了个鬼脸，问："小熊，怎么啦？怎么这样无精打采的？"

"别提了……"小熊把前天狐狸算卦的事原原本本地说了一遍。

"哈哈……"小猴笑得直不起腰。

"你笑什么？人家把鹿肉丢了，你却幸灾乐祸！"小熊有点生气了。

小猴说："你上了狐狸的当啦！昨天一早，我看见狐狸叼了一大块肉从树底下跑了过去。"

"不会吧？"小熊不信狐狸会骗他，"这一切都是算出来的，哪会是假的？"

小猴说："你不信，我来让你算一个数。你把你的出生年份、离开你母亲的年份、你现在的年龄、你离开你母亲独立生活的年数，这 4 个数加起来，看看得多少。"

小熊在地上写出：

李毓佩
数学科普文集

出 生 年 份：	2 0 1 0
离开母亲年份：	2 0 1 2
现 在 年 龄：	8
独立生活年数：	+ 6
	4 0 3 6

没等小熊算完，小猴脱口说出："等于4036，对不对？"

"对！你怎么算得这么快？"小熊惊呆了。

小猴说："根本用不着算。你只要把今年的年份2018乘以2，就得4036。"

小熊一试，2018×2＝4036，一点儿不差！

小猴说："不管是谁，把与他有关的这4个数相加，一定得4036，不信你试试！"

小熊摸着脑袋，自言自语："这是什么道理呢？"

"道理也很简单。"小猴解释说，"一个动物的出生年份加上现在年龄，一定等于2018，因为今年是2018年呀；离开母亲就是独立生活了，因此，离开母亲年份加上独立生活年数，一定也等于2018。两个2018相加，当然等于4036啰！狐狸让你算的数，都是事先编好的。"

小熊明白了，他把拳头攥得"咯咯"直响，大吼一声，说："好个坏狐狸，竟然用数学来骗我，看我怎么收拾你！"

小熊来到狐狸的家，一脚把门踹开，狐狸正在屋里大啃鹿肉。小熊上去三拳两脚，把狐狸打得屁滚尿流。狐狸的左后腿也被小熊一脚踢断，变成了一只瘸腿狐狸。

可是，瘸腿狐狸也是狐狸，也不会干好事的。

狐狸卖瓜

狐狸的腿被小熊踢瘸了，再想逮兔子就很困难了。为了生活，狐狸在森林边上摆摊卖西瓜。

只见狐狸拿着一把破芭蕉扇，一边赶着苍蝇，一边吆喝："卖西瓜啦！又大又甜哪！"小鹿姑娘想买西瓜，跑过来看了看，见西瓜有大有小。

小鹿问："你的西瓜怎么个卖法？"

狐狸一瘸一拐地向前走了两步，满脸堆笑地说："嘿，鹿妹妹，我的西瓜便宜呀！大个儿的 12 元一个，小个儿的 6 元一个，你随便挑。"

小鹿拣了一个最大的西瓜，用手拍了拍，说："我就要这个了。"

狐狸一看，眉头一皱，心想：坏了，她把我做广告的西瓜买走，我拿什么来招揽买主呀？

"嘿……"狐狸干笑了几声说，"我说鹿妹妹，这个西瓜个头虽大，可是不熟呀！它是生瓜，酸的！"

"真的？"小鹿有点犹豫。

狐狸赶紧抱起两个小西瓜递了过去，说："这两个瓜是熟瓜，甜极啦，12 元钱买这两个吧！"

小鹿看了看两个小瓜，摇摇头说："这两个小瓜合起来也没有那个大瓜大呀！"

"不对，不对。"狐狸掏出尺子把大西瓜和小西瓜都量了一下，说，"你看，大瓜直径 30 厘米，两个小瓜直径都是 15 厘米，两个小瓜的直径加在一起同样是 30 厘米，你一点儿也不吃亏呀！快拿走吧！"

小鹿把两个小西瓜抱回了家。鹿妈妈接过其中的一个小西瓜，用刀一切，呀，白籽白瓤，一个地地道道的生瓜！

小鹿生气地说："我原来挑了一个大西瓜，狐狸非叫我买这两个小

数学动物园　李毓佩
数学科普文集

的，真气人！"接着，小鹿把事情的经过告诉了妈妈。

"你被瘸狐狸骗啦！"鹿妈妈说，"西瓜可以被看成一个球，球的体积为：$\frac{1}{6}$×3.14×直径×直径×直径，你算算吧！"

小鹿写出：

大西瓜体积=$\frac{1}{6}$×3.14×30×30×30=14130（厘米^3）

小西瓜体积=$\frac{1}{6}$×3.14×15×15×15=1766.25（厘米^3）

两个小西瓜体积=1766.25×2=3532.5（厘米^3）

14130÷3532.5=4

小鹿气极了，说："好啊！大西瓜是两个小西瓜体积的4倍，我找瘸狐狸算账去！"

小鹿和鹿妈妈拿着生西瓜找到了狐狸，狐狸刚想跑，已经来不及了，小鹿把半个生西瓜扣在了他的头上。

野猪上当

瘸腿狐狸卖西瓜赔了本，没钱买吃的，饿得肚子咕咕叫，走路直晃。

老牛走过来问："狐狸，你这是怎么啦？"

瘸腿狐狸看了老牛一眼，说："饿的，我两三天没吃东西啦！"

老牛一本正经地说："想有饭吃，就要参加劳动！"说完，老牛干活去了。

"哼，劳动？劳动多累呀！"瘸腿狐狸眼珠一转，说，"嗯，我想到个好主意。"

狐狸一瘸一拐地跑到野猪家。野猪家有个大筐，里面装着许多玉米棒，筐子上面盖着厚布。瘸腿狐狸说："野猪老兄，听说这筐里有许多玉米棒，能告诉我一共有多少吗？"

"保密！"野猪没好气地答应了一声。

"哈哈，在我聪明的狐狸面前，不可能有任何秘密！"瘸腿狐狸很有把握地说，"我出道题，你算算，我不但能说出你筐里有多少玉米棒，连你有多大岁数都能知道。"

"真的？"野猪觉得不可思议。

瘸腿狐狸咳嗽了两声，说："把你筐里的玉米棒数乘以 2，加上 5，把所得的数再乘上 50，加上你的年龄，再减去 250，把得数告诉我。"

野猪趴在地上算了半天，最后说："得 1506。"

瘸腿狐狸立刻说："你筐里有 15 根玉米棒，你今年 6 岁。"

野猪一摸脑门，心想：对，筐里的玉米棒是 15 根。野猪又一摸后脑勺，想：今年自己正是 6 岁。

"神啦！"野猪从心底佩服狐狸。他问瘸腿狐狸："你是怎么知道的？"

"算的呀！你算的结果是 1506。最左边的两位数 15，就是玉米棒数；最右边的一位数 6，就是你的年龄。"

"你太伟大啦！"野猪抱着瘸腿狐狸亲了一下。

"伟大不伟大并不重要，重要的是给我弄顿饭吃，要有酒有肉啊！"瘸腿狐狸显得十分得意。

不一会儿，野猪给瘸腿狐狸端上了红烧兔子肉、清蒸鸡、煮老玉米，外加两瓶好酒。瘸腿狐狸猛吃猛喝，临走还拿了 4 根玉米棒。

野猪到处宣传，说瘸腿狐狸神机妙算。小猴灵灵告诉野猪说："你上了狐狸的当啦！"野猪不信。

小猴说："你看算式 $(15 \times 2 + 5) \times 50 + 6 - 250 = 15 \times 100 + 250 + 6 - 250 = 1500 + 6 = 1506$。玉米棒数 15 是你自己写上去的，乘以 100 后变成了千位和百位上的数，而年龄 6 也是你自己写上去的，它变成了个位数。这样一做，把两个数分离开了，人家一眼就可以看清楚。"

"好个瘸腿狐狸！"野猪快速冲了出去，追上瘸腿狐狸，夺过玉米

李毓佩
数学科普文集

棒，用每根玉米棒在狐狸头上都狠敲了一下。这下可好，瘸腿狐狸头上添了 4 个大包！

狐狸卖蛋

西瓜卖不成了，瘸腿狐狸改行卖鸡蛋了。瘸腿狐狸守着好多箱鸡蛋，大声吆喝："卖鸡蛋啦！新鲜鸡蛋！多买便宜啦！"

突然，一旁传来低低的哭泣声。瘸腿狐狸循声望去，只见一只大公鸡扶着一只哭泣的母鸡朝这边走来。瘸腿狐狸赶紧打招呼："二位买点新鲜鸡蛋吧！"

母鸡听到"新鲜鸡蛋"几个字，忽然放声大哭。母鸡这么一哭，把瘸腿狐狸弄糊涂了。

瘸腿狐狸满脸不高兴。他说："今天是我第一次卖鸡蛋，你就在我摊前又哭又闹，真晦气！"

大公鸡赶紧解释说："我妻子前几天产了一窝蛋，一不留神被小偷偷走了，她非常伤心。"

听到"偷"字，瘸腿狐狸一怔。他急忙解释说："人家常说狐狸偷鸡，可没听说狐狸偷蛋的，这蛋是我买来的，可不是偷的你们的！"

然后，瘸腿狐狸眼珠一转，换了一副面孔。他笑嘻嘻地对母鸡说："你不要哭嘛！你不是丢了鸡蛋吗？我这儿有的是鸡蛋，你买几个回去孵，保证你子孙满堂。"听瘸腿狐狸这么一说，母鸡立即破涕为笑，当即买了 10 个鸡蛋，欢天喜地地回窝孵蛋。

母鸡刚走，瘸腿狐狸"扑哧"一声笑了，说："我这些鸡蛋都是从母鸡场买来的，这母鸡场一只公鸡都没有，鸡蛋根本孵不出小鸡！"

母鸡回去孵蛋，一连孵了许多天，鸡蛋连一点儿动静也没有。又过了几天，鸡蛋开始发出臭味了，母鸡才知道上了瘸腿狐狸的当。于是，公鸡和母鸡一起找瘸腿狐狸算账。

瘸腿狐狸死不承认，可是公鸡和母鸡就是不走。瘸腿狐狸眉头一皱，计上心来。瘸腿狐狸说："这样吧！我愿意把这 1000 个鸡蛋都给你们，只是有个条件……"

公鸡问："什么条件？"

瘸腿狐狸说："这 1000 个鸡蛋，你们要分 5 次拿走。每次拿走的鸡蛋数都是一个由 8 组成的数。'8'多吉利，'8'就是'发'嘛！'发财'呀！"

公鸡和母鸡你看看我，我看看你，谁也不会算。突然"吧嗒"一声，一个小纸团从树上掉下来，公鸡抬头一看，只见一只猴子的身影在树上一闪就没了。

公鸡拾起纸团一看，立即高叫一声，对瘸腿狐狸说："你先给我 8 个鸡蛋。"瘸腿狐狸照办了。"你再给我 88 个鸡蛋。"瘸腿狐狸又照办了。"你再给我 888 个鸡蛋。几次啦？"瘸腿狐狸说："三次啦！"

母鸡过来说："剩下两次，该我啦！你给我 8 个鸡蛋，再给我 8 个鸡蛋。"

瘸腿狐狸眼睛都红了，他列了个加法算式：$8+88+888+8+8=1000$。瘸腿狐狸大叫一声，昏倒在地上。

狐狸买葱

狐狸瘸着腿一拐一拐地走着，心里琢磨着怎样才能发财。

瘸腿狐狸看见老山羊在卖大葱，走过去问："老山羊，这葱怎么卖？共有多少葱啊？"

老山羊说："1 千克葱卖 1 元钱，共有 100 千克。"

瘸腿狐狸眼珠一转，问："你这葱，葱白多少，葱叶又是多少呀？"

老山羊颇不耐烦地说："一棵葱，葱白占 20%，其余 80% 都是葱叶。"

瘸腿狐狸掰着指头算了算，说："葱白呢，1 千克我给你 7 角钱；葱叶呢，1 千克给你 3 角。7 角加 3 角正好等于 1 元，行吗？"

老山羊想了想，觉得瘸腿狐狸说得有道理，就答应卖给他了。瘸腿狐狸笑了笑，开始算钱了。

瘸腿狐狸先列了个算式：$0.7×20＋0.3×80＝14＋24＝38$（元），然后说："100 千克葱，葱白占 20%，就是 20 千克，葱白 1 千克 7 角钱，总共是 14 元；葱叶占 80%，就是 80 千克，1 千克 3 角钱，总共是 24 元。合在一起是 38 元。对不对？"

老山羊算了半天，也没算出个数来，只好说："你算对了就行。"

"我狐狸从不蒙人！给你 38 元，数好啦！"瘸腿狐狸把钱递给了老山羊。老山羊卖完葱往家走，总觉得这钱好像少了点儿，可是少在哪儿呢？他想不出来。他低头看见小鼹鼠从地里钻了出来，就让小鼹鼠帮忙算算这笔账。

小鼹鼠说："你原来葱是 1 千克卖 1 元。你有 100 千克，应该卖 100 元才对，瘸腿狐狸怎么只给你 38 元呢？"

老山羊恍然大悟，知道自己吃亏了。可是他不明白，自己是怎样吃的亏。

小鼹鼠说："狐狸给你 1 千克葱白 7 角，1 千克葱叶 3 角，合起来算是 2 千克才 1 元钱，这你已经吃一半亏了。"

老山羊问："吃一半亏，我也应该得 50 元才对，怎么只得 38 元呢？"

小鼹鼠写了一个算式：$(1-0.7)×20＋(1-0.3)×80＝6＋56＝62$（元），然后说："你 1 千克葱白吃亏 0.3 元，20 千克吃亏 6 元；1 千克葱叶吃亏 0.7 元，80 千克吃亏 56 元。合起来正好少卖了 62 元。"

老山羊掉头往回跑，看见瘸腿狐狸正在卖葱，每千克卖 2 元。老山羊二话没说，一低头，用羊角顶住瘸腿狐狸的后腰，一直把他顶进了水塘里。

谁偷的鸡

鸡妈妈昨天夜里丢了两只小鸡崽。孩子丢了，做妈妈的怎么能不伤心？鸡妈妈一大早就坐在屋前哭诉。

山羊、小猴、小熊等许多动物都来安慰鸡妈妈，瘸腿狐狸也一拐一拐地走来了。

瘸腿狐狸伸了伸懒腰，打了一个长长的哈欠，说："我睡得正香，谁一大早就大哭大闹的？吵得人家睡不好觉。"

小熊一把揪住瘸腿狐狸，问："昨天夜里是不是你偷吃了鸡宝宝？"

瘸腿狐狸一翻白眼，说："说话客气点儿！你说我偷吃了鸡宝宝，有什么证据？"

"这……"小熊傻眼了。

鸡妈妈从怀里拿出一张纸条，说："昨天夜里，那个该死的强盗还在门上留了一张纸条。"老山羊接过纸条一看，只见上面写着：

母鸡女士：

我实在太饿了，借你的两只鸡崽充饥。

1232　1243

纸条的背面还画了个方格表：

1234 猪	5632 弧	9143 理
5678 弛	9178 池	1265 猫
9121 琅	1221 狼	5698 引

瘸腿狐狸说："凶手找到了！你们看最下面的两个字：'狼'和'引'，

这明明是说'引狼入室'嘛!"

小熊说:"狐狸说得有理,狼是十分凶残的!"

山羊摇摇头说:"不对。凶手留下了两个密码——1232 和 1243。这两个密码与表上'狼'和'引'的数码不一致嘛!"

瘸腿狐狸立刻改口说:"那就是猪,'猪'字上面的数码是 1234,这与 1243 差不多。"

小猴灵灵仔细看了看表,说:"表上没有 1232 和 1243 这两个数码。但是,表上的每个字都是由左右两部分组成,每一部分都对应着一个两位数。"

山羊一捋胡子说:"小猴说得有理。从表上看,12 对应着'犭',而 32 对应'瓜'。"

小熊明白了。他说:"1232 应该对应'狐'字,1243 应该对应'狸'字,合在一起是'狐狸'呀!"

大家把目光一齐投向瘸腿狐狸。瘸腿狐狸全身一哆嗦,小声说:"没想到,你们还真能破译这个数字谜。"

小熊一把揪住瘸腿狐狸的衣领,问:"咱们怎么处置这个坏蛋?"

大家一齐喊道:"打这个坏蛋!"

瘸腿狐狸问:"你们事先要说好打我多少下。"

小猴灵灵在地上写出:

$$1-2+3-4+5-6+7-8+9-10+11$$

小猴说:"打你这么多下,限你 10 秒钟算出来!"

瘸腿狐狸被这加加减减一下子弄蒙了,他哆哆嗦嗦地说:"少来几下,少来几下……"小猴列个算式:

$$1-2+3-4+5-6+7-8+9-10+11$$
$$=(11-10)+(9-8)+(7-6)+(5-4)+(3-2)+1$$
$$=6$$

"6 下少不了!"小熊气呼呼地说。

松鼠救命

瘸腿狐狸偷吃了小鸡崽，要被打 6 下。小熊朝手上吐了口唾沫，说："我劲儿大，由我来打吧！"

小熊抡圆了胳臂，朝狐狸猛捶了 5 拳，狐狸"扑通"一声倒在了地上，小熊最后一拳将他打到了树顶上。狐狸过了半天才缓过气来。

这时，一只小松鼠正左手拿纸，右手拿笔，坐在树枝上边写边说："哎呀，这道数学题可难死了，怎么做呀？"

小松鼠猛一抬头，吓了一大跳："哎呀，树上怎么会有只死狐狸？"

瘸腿狐狸半睁着眼睛，有气无力地说："你才死了呢！"

"是活的？"小松鼠又吓了一跳。

瘸腿狐狸小声问："你遇到难题了？我能帮忙吗？"

小松鼠说："你伤得这样重，还帮我解题，真是好狐狸！题目是这样的：有 3 棵古树，它们的年龄分别由 1，2，3，4，5，6，7，8，9 中不同的 3 个数字组成，其中 1 棵树的年龄正好是其他 2 棵树年龄和的一半，这 3 棵古树各多少岁？"

瘸腿狐狸说："这道题很容易。不过，我如果帮你做出来，你能帮我一把吗？"

"没问题！救死扶伤嘛！"小松鼠满口答应。

瘸腿狐狸说："你用这 9 个数中最小的三个数 1，2，3 组成 123，用最大的三个数字组成 789，而 123＋789＝912，恰好是 456 的两倍。也就是说，456 正好是 123 与 789 的和的一半。"

小松鼠高兴地说："这 3 棵古树年龄分别是 123 岁、456 岁和 789 岁。年龄可真大呀，要好好保护这些古树！"

瘸腿狐狸说："我已经帮你把题算出来了，你把我拉起来吧！"

小松鼠"吱吱"叫了几声，不知从什么地方钻出好几只小松鼠。大

数 学 动 物 园 李毓佩 数学科普文集

家喊着号子，连拖带拽把瘸腿狐狸拉了起来。帮忙的小松鼠一转眼又都不见了。

瘸腿狐狸对小松鼠说："我想吃点东西，我可不吃素食。"

小松鼠问："你想吃什么？"

瘸腿狐狸说："鸡、鼠共有49只，100条腿往前走。请你仔细想一想，多少只鸡，多少只鼠？鸡我是不敢吃了，只好吃鼠啦。"

小松鼠问："要吃几只鼠？"

"算算嘛！"瘸腿狐狸列了个算式：

$$鼠的只数 = (100 - 49 \times 2) \div 2 = 1 （只）$$

小松鼠大感不妙："这只鼠难道是我？"

"就是你这只小松鼠！"说完，瘸腿狐狸张嘴扑了上去。

肚里生虫

善良的小松鼠救了瘸腿狐狸，瘸腿狐狸却恩将仇报，张嘴要吃掉小松鼠。小松鼠一下子惊呆了，站在那儿一动不动。

瘸腿狐狸正要享用这顿美餐，忽然感觉屁股好像被锥子扎了一下，痛得蹦起来老高。瘸腿狐狸回头一看，原来是啄木鸟在自己屁股上啄了一个洞。

瘸腿狐狸大叫："你为什么啄我？"

啄木鸟说："我发现你肚子里全是坏虫，想把这些坏虫替你取出来。"

"真的？"瘸腿狐狸半信半疑。

"不信，你看！"啄木鸟像变魔术一样，从瘸腿狐狸身上叼起一条大虫子。

瘸腿狐狸看见活虫子，心里十分害怕。他问："你说我肚子里会有多少条虫子？"

啄木鸟想了一下，说："是最小的五位数与最大的三位数的差。"

瘸腿狐狸眉头一皱，说："最小的五位数是 10000，而最大的三位数是 999。它们的差是 10000－999＝9001。我的妈呀！我肚子里有 9001 条坏虫！"

啄木鸟严肃地指出："如果不趁早把这些坏虫取出来，它们死后会变成坏水的！"

瘸腿狐狸一捂肚子，说："那我不就有一肚子坏水了吗？啄木鸟快救救我！"

啄木鸟认真地看了看瘸腿狐狸的肚子，说："由于你肚子里坏虫太多，我必须在你肚子上啄开 15 个洞，好从洞中取坏虫。"

"啊？"瘸腿狐狸吓了一大跳，他装出一副可怜相，哀求说，"请你行行好，少啄几个洞行不行？"

啄木鸟面露难色，过了好一会儿才说："最少要啄 9 个洞。不过要求每 3 个洞排成一行，一共要排出 8 行才管用。"

"成，成，谁不知我瘸腿狐狸聪明过人？我这就排。"狐狸在地上左画画右画画，还真画出来了。

瘸腿狐狸得意地说："看，我排出来了。9 个洞，3 个洞一行，一共 8 行。"

啄木鸟点点头说："你还算聪明。赶快仰面躺好，我开始在你肚子上啄洞取虫子。"

瘸腿狐狸眼珠一转，心想：在肚子上啄出 9 个大洞，即使把坏虫取出来了，我也完蛋了！嗯，这其中有诈！他仰面躺好，说："啄木鸟，你可慢点啄呀！我肚子里没食物，除了坏虫没别的东西啦！"

"放心吧！人家都称我为树木的医生，不会有问题。"啄木鸟瞄准了瘸腿狐狸肚脐眼儿上面一点的地方，猛地啄了下去。

说时迟，那时快，在啄木鸟的尖嘴刚要啄到肚皮时，瘸腿狐狸用前爪紧紧抓住了啄木鸟的嘴。

瘸腿狐狸"嘿嘿"一阵冷笑，说："看你还怎么啄我？"

独眼狼王

瘸腿狐狸紧紧抓住了啄木鸟的长嘴，冷笑着说："在我肚子上啄 9 个洞？你啄 1 个洞我就完蛋啦！我要把你撕着吃掉！"

瘸腿狐狸刚要动手，只觉得脖子上一紧，身子立刻腾空。瘸腿狐狸大喊"救命"。他回头一看，吓出一身冷汗，原来是大象用长鼻子卷住他的脖子，把他举到了半空中。

大象愤怒地说："把啄木鸟放了！不然的话，我就把你摔死！"

瘸腿狐狸心里不服气，翻着白眼问："啄木鸟是我的仇人，我找他算账，和你有什么关系？"

大象说："你知道啄木鸟救活过多少棵树吗？你算算啄木鸟一个月吃掉多少只害虫！"

瘸腿狐狸说："也就是十只八只的。"

大象说："啄木鸟每个月吃掉的害虫数，是一个三位数。它减去 7，得数就能被 7 整除；减去 8，得数就能被 8 整除；减去 9，得数就能被 9 整除。你说说，啄木鸟一个月吃掉多少害虫？"

瘸腿狐狸哀求说："你先把我放了，你勒着我的脖子，我说不出话来。"

大象说："你喊一、二、三，你放啄木鸟，我放开你！"

瘸腿狐狸点头说："好，好。一、二、三。"狐狸先把啄木鸟放了，大象也放了瘸腿狐狸。

瘸腿狐狸刚要走，大象一伸长鼻子把他拦住了。大象说："我出的问题你还没做出来呢！"

瘸腿狐狸笑了笑，说："我给忘了，这个问题好解决。这个三位数减去 7，得数能被 7 整除，说明这个三位数是 7 的倍数。同样的道理，这个三位数也是 8 和 9 的倍数。符合这个条件的最小的数应该是 $7 \times 8 \times 9 = 504$，这个数字就符合题目的要求。这只啄木鸟一个月可以消灭 504 只害虫。"

"拜拜！"瘸腿狐狸转身又要走。

"站住！"大象又一次拦住了他，"你要保证今后不再坑蒙拐骗，否则我还会惩罚你！"

瘸腿狐狸哭丧着脸说："你不让我坑蒙拐骗，我怎么生活呀？"

大象大叫了一声，举起长鼻子就要去卷瘸腿狐狸。

突然有人高喊："谁敢伤害狐狸大哥！"话音刚落，一条只有一只眼睛的大灰狼从大树后面蹿了出来。

瘸腿狐狸惊叫了一声："是独眼狼王！"

"狐狸大哥，你快走，我来对付大象！"说着，独眼狼王向大象扑去。

围剿兔子村

独眼狼王把瘸腿狐狸从象鼻子底下救了出来。瘸腿狐狸抹着眼泪说："要不是狼老弟来救我，我早就粉身碎骨了！"

独眼狼王拍着瘸腿狐狸的肩膀说："像狐狸老兄这样足智多谋的动物，世界上也不多见。今后咱们俩合作，我有勇，你有谋，咱们俩天下无敌！哈哈！"

瘸腿狐狸说："咱们俩先弄点吃的，填饱肚子要紧。"

"对！"独眼狼王说，"树林东头有一个兔子村，住有 5 家，共有 15 只兔子。"

瘸腿狐狸一听有这么多兔子，眼睛一亮："这么说，每家都有 3 只兔子喽？"

独眼狼王摇摇头说："不，不。每家的兔子数都不一样，至于每家有多少只兔子，我可不知道。"

"可以算出来嘛！"瘸腿狐狸一副胸有成竹的样子，清了清嗓子，说，"我用试算法来算，此乃数学之大法，玄妙至极！"瘸腿狐狸几句话，说得独眼狼王晕乎乎的。

瘸腿狐狸说："由于每家都有兔子，而每家的兔子数又都不一样，可以假设这5家的兔子数分别是1只、2只、3只、4只、5只。$1+2+3+4+5=15$，正合适，说明我猜对了。"

"高明，高明，老兄实在是高明！"独眼狼王对瘸腿狐狸佩服得五体投地，"咱们去有5只兔子的那家！"

"不，不。"瘸腿狐狸满脸杀气地说，"咱们俩到兔子村来个大扫荡，15只兔子一只不留，全部咬死，吃不了，也不让他们活在世上！"

"对，斩尽杀绝！我领你去兔子村！"独眼狼王领着瘸腿狐狸直奔兔子村。

兔子村里静悄悄的，连个兔子影儿都没有。

"嗯？"瘸腿狐狸感到有些不妙。

独眼狼王满不在乎地说："兔子们都在睡午觉，下手吧！"

瘸腿狐狸眼珠一转，说："这样吧，你去砸开门，进去逮兔子。我腿脚不方便，守在外面专抓逃跑的兔子。怎么样？"

"就这么办。我打头阵！"独眼狼王一阵风似的冲向兔子家。他飞起一脚，把门踹开，大叫一声冲进了屋里。紧接着，瘸腿狐狸听到独眼狼王在屋里大喊"救命"。

瘸腿狐狸问："老弟，出什么事啦？"

独眼狼王说："屋里有夹子，把我脖子夹住了。老兄快救命！"

"你等着，我去找把钳子来。"瘸腿狐狸掉头就走，边走边说，"我要是救你，我就要被夹住，到时候谁救我呀？拜拜吧！"

狼狐决斗

瘸腿狐狸从兔子村一瘸一拐地逃了出来。他心有余悸，暗想：真玄啊，差点把命搭进去！

突然，他发现独眼狼王蹲在前面，一只眼正死死盯着自己。"啊，独眼狼王没有死！"瘸腿狐狸心里一惊。

瘸腿狐狸眼珠一转，又满脸堆笑地迎了上去，说："狼老弟，我正要找把钳子去救你，你……怎么自己出来啦？"

"嘿嘿……"独眼狼王先是一阵冷笑，接着说，"一个小小的铁皮夹子，能制住我独眼狼王？你见死不救，不够朋友，咱们要进行一场决斗，你看怎么斗好？"

"这……"瘸腿狐狸知道躲不过去了，暗自打着鬼主意，"咱们俩各咬对方一口，怎么样？"

独眼狼王点点头说："可以。但是谁先咬呢？"

瘸腿狐狸说："你出个问题考我，我再出个问题考你，谁赢了谁先咬！"

"行，就这么办。"独眼狼王痛快地答应了，他低头想了想，说，"几只狐狸去赶集，半路偷了一窝鸡，一狐一鸡多一鸡，一狐两鸡少两鸡，问有几只狐狸几只鸡？"

"好，好。我们狐狸就有个偷鸡的小毛病，让你抓住来编题了。"瘸腿狐狸说，"这个问题说的就是：1只狐狸分1只鸡时，多出1只鸡来；1只狐狸分2只鸡时，少2只鸡来。有4只鸡，3只狐狸。对不对？"独眼狼王点了点头。

"该我出题考你啦！"瘸腿狐狸面露奸笑，"红狼比白狼个儿大，灰狼比黄狼个儿大，但比黑狼个儿小，黄狼比白狼个儿大，黑狼比红狼个儿小。让你按个头从大到小的顺序，给这几只狼排排队。"

　　　　　　　　　　　　　　　　数学动物园　李毓佩
数学科普文集

独眼狼王听得独眼发直，傻呵呵地说："你说了半天，到底有几只狼我都不清楚。"

瘸腿狐狸得意地问："认输了吧？"

"认输是认输，不过你先要把答案告诉我！"独眼狼王想弄个明白。

"傻狼！"瘸腿狐狸把嘴一撇，说，"总共有 5 只狼。从大到小排是：红狼、黑狼、灰狼、黄狼、白狼。你站好了，我可要先咬啦！"

独眼狼王满不在乎地说："一只狐狸能有多大劲儿？你尽管来咬！"

瘸腿狐狸扑了上去，张开大口用力咬住狼王的脖子。怪了，硬是咬不动！瘸腿狐狸又用利爪去抓狼王的独眼。

独眼狼王大叫一声："好个瘸腿狐狸，你要让我双眼瞎！我饶不了你！"狼王抓住瘸腿狐狸，只一口就把瘸腿狐狸咬死了。可狼王也变成了双眼瞎，痛得到处乱闯，掉进河中淹死了。

两个大坏蛋，一个也没剩。

夜半狼嗥

瘸腿狐狸和独眼狼王死了以后，树林里太平了好一阵子。可是，最近几天半夜里又听到了狼嗥。

小白兔吓得不得了，老山羊也愁容满面，唯有小熊不怕。小熊握紧双拳说："今天夜里我出去看看，真要遇到狼，我就打死他。"

夜晚的树林比白天安静多了，偶尔能听到几声猫头鹰的叫声。小熊独自踱着步，东张西望，忽然一声狼嗥，把小熊吓得全身一哆嗦。他定睛一看，啊，月光下一只灰色的狼趴在前边，一只狼眼瞪得很大。"独眼小狼王！"小熊差点叫出了声。

说时迟，那时快，小狼王撒腿朝小熊追来，小熊拼命地往回跑，回到家赶紧把门关上。小狼王用利爪抓了三次门，又嗥叫了六声，才慢慢离去。

小熊在屋里定了定神，悄悄地打开门。只见地上有一张纸条，上面写着：

树林里的动物们听着：

我是一只既聪明又善斗的狼。我要什么，你们就要给什么。不然，你们全体都要遭殃！

你们先给我准备 10 只活兔子，要有白色的、灰色的和黑色的 3 种。我随便取走 3 只兔子，其中至少有 1 只白色的。三天以后我来取，记住啦！

独眼小狼王

小熊赶紧把这张纸条交给了老山羊。小鹿、白兔、松鼠等也闻讯赶来。

白兔吓得全身发抖，说："这可怎么办呀？谁帮忙算算，这 3 种颜色的兔子各要多少只？"

小猴蹲在树上说："8 只白兔、1 只灰兔、1 只黑兔。"

"啊，这么多白兔！"白兔紧张极了，他问小猴，"你算得对吗？"

"怎么不对？"小猴说，"假如是 7 只白兔，那么灰兔和黑兔合起来就是 3 只；如果小狼王正巧取到这 3 只，不就没有白兔了吗？"

老山羊安慰白兔说："不要怕，大家一起想想主意！"

狼王应考

小猴从树上跳了下来，说："小狼王出题考咱们，咱们不会出道题考考他？"

"好主意！"小熊拍手说，"小猴，你快出道难题考考这个独眼小狼王。"

小猴眨巴着眼睛说："我们家有大猴和小猴，大猴数乘小猴数，把这个乘积在镜子里一照，看到的数，恰好是我家大猴和小猴的总数。让他算算我们家有多少只大猴，有多少只小猴。"

"好题目！我把这道题写在纸上贴出去！"小熊忙着找纸又找笔，写了一张大布告贴到一棵大树的树干上。

三天后的傍晚，独眼小狼王又溜进了树林，他想看看他要的 10 只活兔子准备好了没有。他东转一圈儿没见着一只活兔子，西转一圈儿连只死兔子也没有。独眼小狼王大怒，把狼牙咬得"咯嘣咯嘣"直响。

突然，独眼小狼王看到小熊写的布告。他念道："可恨的独眼小狼王，你好好听着！你自称狼王，还要 10 只活兔子。不过你要先把下面的题目算出来，证明你不是傻狼，我们才能满足你的要求。题目是：猴子家有大猴和小猴……"

独眼小狼王独眼一转，暗道：弄群猴子就想难住我，没门儿！他一溜小跑到了河边，在纸上写了一个"1"，然后把"1"字朝下，往河面上看这个"1"字是什么样。

小狼王自言自语："河水就如同一面镜子，我先照照有哪几个数字，从河水中看仍然是原来的数字。"通过逐个试验，他只找出两个数字——1 和 8。只有这两个数从河面上看仍旧是 1 和 8，别的数字都不成。

小狼王点点头说："这个大小猴数乘积不是 18，就是 81。18 只能分成 1×18，2×9 等，18 不对；$81 = 9 \times 9$，而 $9 + 9 = 18$。"

"哈哈，我算出来啦！"独眼小狼王高兴极了。他在树林里一边奔跑，一边高声叫喊，"我算出来啦！9 只大猴，9 只小猴。你们快给我准备好 10 只活兔子吧！"

小猴和山羊听了，点点头说："这家伙不傻，要认真对付他！"

烂瓜砸头

　　独眼小狼王叫喊着要吃活兔子。小猴在树上冲着小狼王说："喂，要吃兔子的饿狼！明天给你准备 3 只活兔子——1 只白兔、1 只灰兔、1 只黑兔。你看怎么样？"

　　独眼小狼王用舌头舔了一下嘴边的口水，高兴地说："好，好，有 3 只兔子可以吃个半饱了！"

　　"不过……"小猴坐在树杈上，跷着二郎腿说，"你必须告诉我这 3 只兔子各有多重。"

　　独眼小狼王用力点点头说："行，行，兔肉香极啦，多重我都吃得下！你说怎么算吧！"

　　小猴不慌不忙地说："你听好啦！白兔的质量等于灰兔的质量加上黑兔的质量，白兔加黑兔的质量等于灰兔质量的两倍，3 只兔子质量的乘积等于 3 只兔子质量的总和，最轻的兔子为 1 千克。你自己算去吧！"

　　独眼小狼王说："我先判断一下哪只兔子最重，哪只兔子最轻。由于白兔质量等于灰兔和黑兔质量的和，显然白兔最重。根据白兔和黑兔合起来的质量等于两只灰兔的质量，灰兔一定比黑兔重。如果黑兔比灰兔重，而且白兔也比灰兔重，那么白兔和黑兔合起来肯定比两只灰兔重啦！"

　　独眼小狼王接着说："嗯，黑兔是 1 千克。由于 $3+1=2\times2$，$3\times2\times1=1+2+3$，可以肯定灰兔为 2 千克，白兔为 3 千克。"

　　"猴子，猴子，我算出来啦！快告诉我，明天把兔子放在什么地方吧！"小狼王抬头一看，猴子早没踪影了。小狼王大叫一声："上猴子当啦！"话音未落，一个烂西瓜从树上飞下来，正好砸在小狼王的脑袋上。

　　独眼小狼王大叫一声："这是什么东西？这么臭！"

　　"哈哈……"小猴在树上笑着说，"请你先吃个烂西瓜开开胃，然后再吃兔子肉。"

独眼小狼王用前爪抹了一把脸上的臭西瓜汁，咬牙切齿地说："好个猴子，我非吃了你不可！"他嗥叫一声，跃起身来向猴子扑去。猴子揪住树枝，灵活地从一棵树荡到另一棵树上，小狼王在后面猛追。

独眼小狼王只顾追小猴，没注意前面有一个圆乎乎的东西，一脚踩了上去，大叫一声："哎呀，扎死我啦！"独眼小狼王定睛一看，是只小刺猬。

小刺猬不高兴地说："踩了人家一脚，也不说声对不起，没礼貌的家伙！"

"哼！"独眼小狼王气得全身发抖。

智力赌博

独眼小狼王一瘸一拐地走回家，心想：这活兔子八成是吃不上了，我要另想办法。

他伸手揭下贴在左眼上的橡皮膏，说："为了吓唬树林中的动物，每天要贴上这讨厌的橡皮膏，装扮成独眼狼王。唉，这要贴到什么时候才算完！"说完，顺手把橡皮膏贴到了右眼上。

独眼小狼王心想：瘸腿狐狸生前做过买卖，可是我没有本钱做买卖呀！他左眼珠一转，双手一拍，说："有主意了，我来个无本万利！"

第二天清早，独眼小狼王在树林的一块空地上摆了一个摊，还立了一个牌子，牌子上写着"智力赌博"四个字。

独眼小狼王大声吆喝："快来发大财呀！谁能解答出我的问题，我给他20元；如果解答不出来，给我10元就行了。"动物们听他这么一喊，围了一大圈。小鹿姑娘走上前说："我来做道题。"

"好，好。"小狼王满脸堆笑地说，"题目非常简单，你一看就会，白

独眼小狼王 _____ *073*

得 20 元钱！请你在 2 分钟内把下面两个数的乘积算出来！"说完，写了一个乘法算式：

$$3333333333 \times 6666666666$$

小鹿姑娘一看这个多位数乘法，立刻傻眼了。她想列个竖式来乘，可是连一行都没乘完，独眼小狼王就说："两分钟已到，你输啦！要给我 10 元。"

小鹿姑娘只好乖乖地把 10 元钱交给了独眼小狼王。独眼小狼王高兴极啦，他又大声吆喝起来："快来捡钱哪！做对一道题就得 20 元！"

"嗖"的一声，一个身影从树上跳了下来，独眼小狼王定睛一看，是小猴。独眼小狼王对小猴又恨又怕，他恶狠狠地说："猴子，你又来捣乱！"

小猴笑笑说："我不是来捣乱的，而是来发财的。我来做这个乘法。"猴子写出：

$$\underbrace{333\cdots3}_{10\text{个}} \times \underbrace{666\cdots6}_{10\text{个}} = \underbrace{333\cdots3}_{10\text{个}} \times 3 \times \underbrace{222\cdots2}_{10\text{个}}$$

$$= \underbrace{999\cdots9}_{10\text{个}} \times \underbrace{222\cdots2}_{10\text{个}} = (\underbrace{100\cdots0}_{11\text{个}}-1) \times \underbrace{222\cdots2}_{10\text{个}}$$

$$= \underbrace{222\cdots2}_{10\text{个}}\underbrace{00\cdots0}_{10\text{个}} - \underbrace{222\cdots2}_{10\text{个}} = \underbrace{22\cdots21}_{10\text{个}}\underbrace{77\cdots78}_{10\text{个}}$$

小猴子狡黠地一笑，把手向前一伸说："20 元，拿钱来。"

独眼小狼王仔细看了一遍计算过程，一点儿错也没有。没办法，他只好把刚刚赢鹿姑娘的 10 元钱交给了小猴子。

小猴一瞪眼说："还差 10 元！"独眼小狼王摇摇头说："我自己连一分钱都没有！"

"打！打这个骗子！"围观的动物们一起动手，打得独眼小狼王落荒而逃。

狐仙显圣

近几天，森林里听不到狼嗥了，可是多了狐狸的脚印，这些脚印左边深，右边浅。

"这是瘸腿狐狸的脚印！"白兔十分肯定地说。

"开玩笑！"小熊摇摇头说，"瘸腿狐狸和独眼狼王都死了，我是亲眼看见的呀！"

这是怎么回事呢？

不久，答案出来了。不远的一个小山洞里出现了一个"狐仙"。山洞的洞口还贴着一副对联，上联写"专问吉凶"，下联是"包治百病"，横批的四个大字为"狐仙显圣"。一时间，一些生病的或迷信的动物纷纷去治病、算命。

"狐仙是瘸腿狐狸转世，治病可灵啦！"

"狐仙有本事，算命一算一个准！"

小熊气呼呼地说："什么狐仙哪，我不信那一套！我去会会这个狐仙。"小熊跑到山洞口一看，来算命和治病的动物还挺多。小熊挤进洞里，里面光线很暗，一只动物用黄布把全身围得严严实实，只能隐约看到眼睛。

一只有病的豹子在算命。豹子问他的病什么时候能好。只见这个"狐仙"一边口中念念有词，一边从石板下面抽出一张纸条。纸条上写着：

一个三位数被 37 除余 17，被 36 除余 3。

"狐仙"说："你先把这个三位数算出来。你的病哪天能好，全隐藏在这个三位数中。"

豹子摇头说："我不会算。"

"狐仙"从黄布下伸出一只毛茸茸的爪子，说："给 10 元钱，我帮你算出来。"豹子递过去 10 元钱。

"狐仙"接过钱，又认真地看了看是不是假钱，才慢吞吞地说："设这个三位数为 x。这个数被 37 除余 17，可以写成 $x = 37 \times$ 商 $+ 17$。可是，它又被 36 除余 3，因此（$37 \times$ 商 $+ 17$）被 36 除一定余 3，满足这个条件的商是 22。所以，$x = 37 \times 22 + 17 = 831$。"

豹子问："这 831 说明了什么？"

"狐仙"说："这 831 就是答案哪！它告诉你，你的病在 8 月 31 日就会痊愈啦！"

豹子屈指一算，高兴地说："再过 11 天我的病就好啦！"说完欢天喜地地走了。

"狐仙"用非常小的声音说了句："傻子！年年都有 8 月 31 日，你知道哪年 8 月 31 日好啊？"

小熊跑到老山羊家，把他看到的一五一十地向老山羊说了一遍。小熊最后说："奇怪的是，这个狐仙说话的声音我非常耳熟，特别像独眼小狼王。"

老山羊忙问："这个狐仙有几只眼呢？"

"两只，还都会转！"小熊回答得十分肯定。

老山羊捋了一下胡子，说："这就怪啦！"

狼仙现形

小熊对老山羊说："我去小山洞把他身上披的黄布拉下来，看看这个狐仙是不是独眼小狼王装的，如果是独眼小狼王装神弄鬼，我打死他！"

老山羊连连摇头说："不成，不成。许多动物都迷信这个狐仙，没把握的事不能胡来！"

"那怎么办？难道眼睁睁看着他骗人？"小熊急得又蹦又跳。

老山羊请小猴出个主意，小猴趴在小熊的耳朵上小声嘀咕了几句。小熊一挑大拇指，说："好主意，就这么办！"

在"狐仙"的洞口，小猴扶着小熊一瘸一拐地走来了，小熊的腿上绑着纱布，嘴里还直哼哼。

"狐仙"看见小熊就一愣，再一见到小猴，不由得倒吸了一口凉气。"狐仙"镇定了一下，问："你来看什么病啊？"

小熊用手指指自己的腿，说："我的腿叫独眼小狼王咬了一口，哎哟，好痛哟！"

"嗯？""狐仙"吃了一惊，但很快又恢复常态。他问："伤在什么地方？"

小熊扭头看了小猴一眼，小猴冲他点了点头。小熊咳嗽了一声，说："伤口到脚底的距离，正好是腿长的 $\frac{3}{8}$。以伤口为分界点，把腿长分成两段，这两段长度的差为 0.18 米。狐仙，你应该知道我的伤口在什么地方。"

"嘿嘿。""狐仙"一阵冷笑，脱口而出，"我小……"顿时觉得不对，又改口说，"我小狐仙没有不知道的事情。我给你算一算：伤口把你的腿分成 $\frac{3}{8}$ 和 $\frac{5}{8}$ 两段，两段的差是 $\frac{5}{8}-\frac{3}{8}=\frac{2}{8}=\frac{1}{4}$，差值是 0.18 米，因此，腿长为 $0.18\div\frac{1}{4}=0.18\times4=0.72$（米）。而 $0.72\times\frac{3}{8}=0.27$（米），说明伤口离脚底 0.27 米。"

"狐仙"拿出皮尺，离开座位，弯腰给小熊量伤口所在的地方。小熊的手也够快的，"狐仙"刚弯下腰，他就把披在"狐仙"身上的黄布一下子揭开，一条又粗又长的狼尾巴露了出来。小熊再用力拉一下黄布，一只灰狼出现在大家面前。

"不是狐仙，是灰狼！"动物们一下子散开了。

这只灰狼猛地一抬头，大家发现他只剩下一只眼了。灰狼大叫："独眼小狼王在此，把你们身上带的钱全给我留下，不然就别怪我不客气啦！"动物们一阵大乱，纷纷往外跑。

小熊大喊："大家别乱！有我呢！"小熊揪住独眼小狼王的长尾巴，转身来了个摔跤动作——背口袋。只听"啪"的一声，独眼小狼王被狠狠地摔在地上。独眼小狼王"哎哟"叫了一声，站起来一瘸一拐地逃出了山洞。

小熊双手一叉腰，说："嘿嘿，他成了瘸腿狼啦！"

瘸腿小狐狸

独眼小狼王被小熊狠狠地摔了一下，差点儿摔散了架。他跑到一棵大树下，背靠着树干，大口地喘着粗气。

独眼小狼王定了定神，又"扑哧"一声笑了。他自言自语："哎，装神弄鬼骗了七八天了，骗了一口袋钱，没白干呀！我数数口袋里有多少钱。"独眼小狼王一摸腰上的钱口袋，大惊失色，钱口袋没了。他两只前爪一捂脑袋，往地上一蹲，说："完啦！"

"哈哈……"树后传来一阵奸笑。独眼小狼王回头一看，一只小狐狸一瘸一拐地走了出来。独眼小狼王吃了一惊，叫道："瘸腿狐狸！"

瘸腿小狐狸笑眯眯地说："独眼小狼王，你应该叫我瘸腿小狐狸。"小狼王问："我的钱口袋呢？"瘸腿小狐狸把右前爪向上一举，说："钱口袋在这儿呢！"

独眼小狼王把独眼一瞪："你偷走我的钱口袋，你是瘸腿小偷！"瘸腿小狐狸"嘿嘿"一笑，说："你装神弄鬼骗人钱财，你是独眼骗子！这口袋里的钱要分一部分给我，否则我不给你。"

独眼小狼王问："怎么个分法？"

瘸腿小狐狸说："我数了一下，这钱袋里全是 1 元一张的票子。你先拿走全部票子的一半又半张，我拿走剩下票子的一半又半张，你又拿走剩下的一半加半张，最后剩下的一半票子加半张归我。你算算咱们俩各分多少钱吧！"

独眼小狼王抓耳挠腮地算了半天也没算出来，气呼呼地说："连一个钱数也没有，让我怎么算？"

"你不会算，我可会算。"说完，瘸腿小狐狸边说边算，"最后剩下的一半票子加半张归我，说明我最后只得到 1 元钱。反着往上推，你第二次拿钱时，口袋里剩下 3 元钱，你拿走一半是 1.5 元，加半张是 0.5 元，合起来是 2 元，给我剩下了 1 元。"

独眼小狼王两只前爪用力一拍，说："我会算了。你第一次拿了 4元，我第一次拿走 8 元。"

"对，对。"瘸腿小狐狸说，"你一共拿了 10 元，我才拿 5 元，你是我的两倍呀！"

两人分完了钱。独眼小狼王觉得瘸腿小狐狸挺聪明，也许可以成为一个好帮手，就说："走，今天我请客，边吃边聊。"瘸腿小狐狸便跟着独眼小狼王走了。

酒后吐真言

独眼小狼王和瘸腿小狐狸走进了"山猫酒家"。山猫经理跑过来问："二位想吃点什么？我这儿要酒有酒，要肉有肉。"

小狼王把手一甩，说："拣好的上！"不一会儿，山猫经理端来了红烧兔肉、熏野鸡、清炖羊肉、炒蛇丝，外加两大瓶猕猴桃酒。两人开怀畅饮，酒过三巡，都有些醉意。

独眼小狼王瞪着一只红眼说："咱们俩都喜欢吃兔肉，这树林里的兔子可要分一分，省得打架！"

"对，"瘸腿小狐狸说，"咱们就算树林里有 160 只兔子，咱们俩来分，让你分到兔子数的 $\frac{1}{3}$ 等于我分到兔子数的 $\frac{1}{5}$，你说怎么样？"

独眼小狼王有点儿不放心，问："是 $\frac{1}{3}$ 多呢，还是 $\frac{1}{5}$ 多？"瘸腿小狐狸说："当然是 $\frac{1}{3}$ 多喽！说句痛快话，你干不干？"

"干！"独眼小狼王一仰脖子又喝了一大杯酒，他问，"我到底能分多少只兔子？"

"我给你算算。"瘸腿小狐狸说，"我的这个问题还挺绕人。假设你分得的兔子数为 x，我分得的兔子数为 $160-x$。你的 $\frac{1}{3}$ 就是 $\frac{1}{3}x$，我的 $\frac{1}{5}$ 就是 $\frac{1}{5}(160-x)$，可以得到 $\frac{1}{3}x=\frac{1}{5}(160-x)$，解方程得 $x=60$。"

独眼小狼王站了起来，指着瘸腿小狐狸的鼻子说："我明白啦！160 只兔子我得 60 只，剩下的 100 只都归你啦，没门儿！"

瘸腿小狐狸也跳起来喊道："你是只独眼狼，就是分给你 100 只兔子，你眼神不好也逮不着呀！"

"谁说我是独眼狼？"独眼小狼王说着，把贴在左眼上的橡皮膏揭了下来，两只狼眼瞪着小狐狸。

"啊？"瘸腿小狐狸吓了一跳，"原来你没瞎！"

小狼王得意地微微一笑，说："你是只瘸腿狐狸，给你 100 只兔子，你捉得着吗？"

"谁说我是瘸腿狐狸？"瘸腿小狐狸说着，"噌"的一下跳起老高。

"啊？"小狼王吃了一惊，说，"原来你不瘸！你是骗人的！"小狐狸用力拍了一下小狼王的肩头，说："你骗我也骗，咱们俩是一对大骗子！"

李毓佩
数学科普文集

六只脚的怪物

森林里的怪事越来越多。这天夜里，不知什么动物嗥叫了一宿。早上起来，白兔和山羊发现地上有六只脚的怪物脚印。

白兔边跑边喊："不好啦！树林里发现了六只脚的怪物，大家快来看呀！"

大家都跑来看这些怪脚印。小猴问老山羊："您认识这脚印吗？"

老山羊拿出放大镜仔细看了看，摇摇头说："真怪！前四个脚印非常像狼的脚印，但后两个脚印就不是狼的了。"

松鼠忙问："那是什么动物的脚印呢？"

"黑乎乎的两个圈印儿，连有几个脚趾都看不出来。"老山羊又摇摇头。

白兔紧张地问："这个怪物长着四只狼爪，它一定吃我们兔子，这可怎么办呢？"

"嘿嘿！"小猴胸有成竹地笑了两声，"我只见过六只足的小昆虫，还没见过六只脚的大怪物。我倒想会会这个怪物呢！"小猴在小鹿姑娘耳边小声嘀咕了几句。不一会儿，小鹿姑娘拿着一块黑板跑过来，她大声说："今天晚上由兔子和山鸡在树林值班，安排表就写在这块小黑板上！"

夜幕降临了，月光透过树枝洒在地上。一个六只脚的怪物出现了。他一前一后长着两个脑袋，两个脑袋四处不停地张望，很快就发现了挂在树上的小黑板，黑板上写着：

今天由兔子和山鸡在东西两头值班。先说东边：如果把 15 只兔子换成 15 只山鸡，那么兔子和山鸡的数目相等；如果把 10 只山鸡换成兔子，那么兔子的数目就是山鸡的 3 倍。再说西边：西边的兔子数等于东边的山鸡数，西边的山鸡数等于东边的兔子数。

"哈哈，兔子！"前面那个头大叫。

"嘻嘻，山鸡！"后面那个头大喊。

前面那个头说："老弟，你算算哪边兔子多？"

"好说。"后面那个头说，"我敢肯定，东边的兔子比山鸡多 30 只，不然的话，怎么会换掉 15 只还能相等呢？"

前面那个头说："对！假设山鸡为 x 只，兔子就是 $(x+30)$ 只，再根据条件可得 $3(x-10)=(x+30)+10$，求得 $x=35$。所以东边有山鸡 35 只，兔子 65 只；西边正好相反，有兔子 35 只，山鸡 65 只。"

"哈，东边兔子多，咱们去东边。"前面那个头往东走。"不，西边山鸡多，去西边。"后面那个头往西走。只听得"哧啦"一声，一个怪物变成了两个。

小猴出主意

小猴、小熊和老山羊一直躲在暗处监视着这个六脚怪物的行动。当这个怪物前面的头要到东边去吃兔子，而后面的头要到西边去吃山鸡时，两个头一用力，把连接的布条扯开了。

小猴可看清楚了，这个六脚大怪物原来是狼和狐狸装扮的。独眼小狼王在前面，瘸腿小狐狸把两只前爪搭在独眼小狼王的腰上，只用两条后腿走路，而且把后爪用布包上。

"两个坏蛋装神弄鬼吓唬人！我去揍他们俩一顿！"小熊举着双拳就要上去。

"慢着！"小猴拦住了小熊，说，"咱们要一个一个对付。"小猴趴在小熊耳边小声说了几句，小熊高兴地点点头说："好主意，就这么办。"说完，小熊跟着独眼小狼王往东走了。小猴让老山羊留在原地，自己跟着瘸腿小狐狸向西行。

独眼小狼王一溜小跑到了东头，他睁大了眼睛，仔细寻找值班的兔子。他转了一个大圈儿，连根兔子毛都没看见。独眼小狼王急了，恶狠狠地说："不是说有 65 只兔子吗？怎么连一只也找不着？是不是小狐狸又在骗我？"

突然，一棵大树后面发出一种又尖又刺的声音："傻狼，根本没那么多兔子，我骗你呢！"

"小狐狸？"小狼王生气地问，"小狐狸，你说实话，没有 65 只兔子，究竟有多少只兔子？"

那声音回答："这是一个整数，它不能当分母，又不能当除数。你说这个数是几呀？"小熊捏着鼻子，学着瘸腿小狐狸的腔调说完这几句话，自己都憋不住想笑。他忽然想起小猴嘱咐的话，撒腿就跑了。

独眼小狼王围着大树转了一圈儿，没有找着瘸腿小狐狸。他歪着头想：小狐狸说的这个整数是几呢？什么数不能当分母又不能当除数呢？他想着想着，忽然一拍大腿，说："哎呀！我想起来了，这个整数就是 0 呀！ 0 既不能当分母又不能做除数。原来东头没有兔子。"

想到这儿，独眼小狼王气得眼珠子发红，恶狠狠地说："好个小狐狸，你说东边有 65 只兔子，结果一只兔子也没有。我要找你算账去！"说完，独眼小狼王气呼呼地朝西边奔去。

狐狸上当

瘸腿小狐狸一直往西跑，快到西头忽然停住了。狐狸生性多疑，他要仔细琢磨一下刚才发生的事情。"为了防备六脚怪物的袭击，他们为什么不派像小熊、野猪这样强壮有力的动物值班，却派兔子、山鸡这些好吃的来充数？这里面会不会有鬼呢？"想到这儿，他干脆坐在地上不走了。

小猴看见瘸腿小狐狸不走了，心想：糟啦，计划要破产！他赶紧找来几只山鸡和兔子，让他们在西头又飞又叫。正犹豫不定的瘸腿小狐狸听到山鸡的叫声，心中一喜。山鸡的诱惑使他顾不了别的了，他继续向西跑去。突然，瘸腿小狐狸听到兔子在问："西头有多少只山鸡在值班呀？"一只山鸡飞过来说："总数是多少我不知道，我只知道总数是两个数的和。这个和比其中的一个数大50，比另一个数大20。"

兔子问："两个数都不知道，怎么求和呀？"

"傻兔子！"瘸腿小狐狸小声骂了一句，说，"和比其中一个数大50，说明这个数必然是50呀！和比另一个数大20，说明另一个数必然是20呀！加起来是70嘛！"瘸腿小狐狸忽然想起来什么，"原来说有65只山鸡，怎么忽然变成70只了呢？哎，越多越好。"他跑到西头一看，连一只山鸡也没有。正纳闷，他忽然听到"哈哈"一阵狂笑。

瘸腿小狐狸吃了一惊，忙问："是谁？"

"是我，你连狼大哥的声音也听不出来了？"这声音是从草丛后面发出来的。

瘸腿小狐狸问："你来干什么？"

"我想到你这边逮几只兔子吃。你爱吃山鸡，留着这么多兔子也是浪费。谁想兔子没逮着，把山鸡都给吓跑了，我还是回东边逮兔子去！"小猴假装出独眼小狼王的声音，说完就跑。

瘸腿小狐狸蹿进草丛，想找独眼小狼王说说理，但是扑了个空。他气呼呼地说："你把我这边的山鸡都吓跑了，我也不让你舒舒服服地吃兔子。"说完，瘸腿小狐狸掉头向东跑去。

狼怕圆圈

独眼小狼王向西跑，一心要找瘸腿小狐狸算账。瘸腿小狐狸向东跑，专要找独眼小狼王说理。

瘸腿小狐狸跑到半路停住了，又犯了疑心。他想：如果小狼王不讲理，翻脸打起来可不得了，自己不是小狼王的对手呀！怎么办？

瘸腿小狐狸想起狼特别怕圆圈，就找来一块白粉块，在地上画了 9 个圆圈。瘸腿小狐狸看着地上的 9 个圈儿，笑了笑，说："这叫作九连环，环环套在你小狼王的脖子上。"

瘸腿小狐狸继续飞快地往东跑去，由于天黑看不清楚，他和一个从对面跑来的动物撞了个结结实实。"噔噔噔"小狐狸一连倒退了三步，一屁股坐在了地上。

瘸腿小狐狸刚要发火，定睛一看，啊，是独眼小狼王。瘸腿小狐狸指着小狼王的鼻子刚想骂两句，忽然发现小狼王的眼睛通红，还发出逼人的凶光。瘸腿小狐狸不禁全身哆嗦了一下，立刻用手一抹脸，现出满脸的笑容，往前走了一小步，问："狼大哥，吃了几只兔子呀？这里的兔子肉还香吧？"

"香？还臭呢！"独眼小狼王大吼了一声，说，"东边明明没有兔子，你却骗我说有 65 只兔子。你快说，你把那些兔子藏在哪儿了？快说！"说完向前逼近了一步。

瘸腿小狐狸向后退了一步，连连摆手说："没有的事！我算得一点儿错也没有！"

"叫你跟我嘴硬！"独眼小狼王说完就扑了上去，瘸腿小狐狸扭头就跑，快步跑到刚才画的 9 个圆圈旁。独眼小狼王一看见圆圈，立刻停住了脚，吃惊地说："啊，9 个绳套！"

独眼小狼王低头仔细一看，怎么回事？其中 7 个绳套里还有数字？

这时，他耳边响起了一个浑厚有力的声音："谁能把空圆圈中的数字填对，谁就能想要什么有什么！"

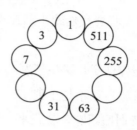

独眼小狼王镇定了一下，说："我来填左边的圈。1，3，7，下一个该是几呢？是9。这些都是单数呀！"独眼小狼王在圈里填上一个9，跳进圈里高兴地叫道："我想吃兔子！"话音刚落，圆圈立刻变成了绳套，一下子套住了独眼小狼王的脚，绳套往上一提，就把他倒挂在树上了。

瘸腿小狐狸笑嘻嘻地说："傻狼！这几个数的规律是：$3=1×2+1$，$7=3×2+1$，$15=7×2+1$，$31=15×2+1$，$63=31×2+1$，$127=63×2+1$，$255=127×2+1$，$511=255×2+1$。左边圈里的数字是15，右边圈里的数字是127。"

瘸腿小狐狸填上了数，又跳进圈里说："我想吃山鸡！"呼的一声，一个绳套把瘸腿小狐狸也倒挂在了树上。瘸腿小狐狸惊呼："怎么填对了也被倒挂起来？"

小猴笑了，小熊笑了，老山羊也笑了。

"知道你能填对，这个绳套是专门为你准备的！哈哈！"

数 学 动 物 园 李毓佩
数学科普文集

3. 猴子探长

谁砍的树木

清晨，小松鼠慌慌张张来找小猕猴："小猕猴大侦探，大事不好了！山上的树木被人砍倒了一大片。"

小猕猴吃惊地说："有这种事？咱们去看看！"

来到山上，小猕猴看到了十几棵大树的树桩。小猕猴分析说："这十几棵大树被人砍倒并运走，显然不是一两个人干的！"

小松鼠问："可能是谁呢？"

"先仔细研究一下盗贼留下的脚印。"小猕猴趴在地上非常仔细地观察地上的脚印。他又拿出一张纸把其中最大的脚印描了下来。

小猕猴指着大脚印说："这个又大、又圆、又深的脚印，肯定是大象的！"

小松鼠指着一个小一点的脚印说："这个脚印一定是狗熊的！"

"要立刻去找大象！"小猕猴和小松鼠掉头就走。

小猕猴找到大象，问："山上的树木是你砍的吗？"

大象回答："不是我砍的，是我运走的。"

小猕猴又问："树木是谁砍的？是谁叫你运的？"

"我都知道，可是我不告诉你！"大象态度还挺坚决。

"为什么不告诉我？"小猕猴不明白。

大象很坦白地说："人家给了我好多好吃的香蕉，我向人家保证不说出去！"

"他给了你多少香蕉？"

"只要我答应去运树木，他就先给我10根香蕉作为定金。"

小猕猴指着筐里的香蕉说："你这里的香蕉可不只10根呀！"

大象点点头说："对，他还对我说，我给他运出第1根树木，他再给我1根香蕉；运出第2根树木，他再给我2根香蕉；运出第3根树木，他再给我3根香蕉……"

小猕猴数了数筐里的香蕉是23根，问大象："你吃了几根香蕉？"

大象说："我吃了8根。"

小猕猴点点头说："嗯，他一共给了你31根香蕉。我可以知道，你一共给他运了多少根树木。"

"不可能！"大象摇着头说，"如果你能知道我给他运出多少根树木，我可以告诉你，还有谁去运树木了。"

"好！咱们一言为定！"小猕猴非常高兴。

摆香蕉

小猕猴拿着香蕉，边说边摆："31根香蕉中减去最先给你的10根，还剩21根。我把这21根香蕉摆成一个三角形，立刻就知道你运出了几根树木。"说着就摆出了三角形。

小猕猴指着香蕉三角形说："这里是6行香蕉，说明你给他运出了6

根树木。对不对？"

"对，对。"大象形不明白是怎么回事，"你怎么把 21 根香蕉摆成三角形，就知道我运了多少根树木呢？"

小猕猴解释："三角形的第 1 行，是你给他运出第 1 根树木，他给你的香蕉；第 2 行是你给他运出第 2 根树木，他给你的香蕉。这里有 6 行香蕉，说明你给他运出了 6 根树木。"

大象趴在小猕猴耳朵旁，小声说："还有狗熊去运树木了。"

小猕猴拿着口供说："你口供上按一个手印。"大象乖乖地按了手印。

小猕猴对小松鼠说："咱们去找狗熊去！"

小猕猴来到了狗熊家。"砰砰砰"小猕猴一边敲门一边问道："狗熊在家吗？"

"谁呀？"狗熊开了门。

小猕猴看到院子里堆放着许多玉米，立刻警惕地问："嗬，哪来这么多玉米啊？"

狗熊解释说："自己种的，劳动所得。"

小猕猴眼珠一转，问："你一共有多少个玉米？"

"玉米一多，我也数不清。"狗熊想了一下说，"刚才我想把这些玉米装进几个筐里。如果每个筐装 5 个，最后剩下 7 个；如果每个筐装 7 个，最后还差 5 个。你算算有多少玉米吧！"

李毓佩
数学科普文集

小猕猴笑笑说："你想拿一个 5 和一个 7 来绕我呀！我不会上你的当。我先不求玉米数，我先把筐数求出来。"

小猕猴问："每筐装 5 个与每筐装 7 个相比，一筐多装 2 个玉米，对不对？"

狗熊点头："对！"

狗熊掰棒子

小猕猴又问："每筐装 5 个，最后还剩下 7 个；而每筐装 7 个，最后还差 5 个。把剩下的 7 和剩下的 5 个相加，所得的数代表什么？"

狗熊捂着后脑勺想了想，说："不知道代表什么。"

"代表每个筐多装 2 个玉米后，所有筐多装的玉米数。"小猕猴解释说，"把 12 除以 2，12÷2＝6，6 就是筐数，对不对？"

狗熊一数筐数，不多不少正好 6 个。狗熊佩服地说："你算得还真对！"

小猕猴继续往下算："你一共有 5×6+7＝37（个）玉米。"

狗熊点点头说："对，我吃了 5 个，现在还有 32 个。"

小猕猴眼珠一转，说："我不仅能算出你有多少个玉米，还知道这些玉米不是你种的！"

"什么？不是我种的！"狗熊瞪大了眼睛，"不是我种的，难道是抢的？"

小猕猴往前走了两步："和抢的差不多！我问你，你是不是帮助别人偷运过树木？"

"啊！"狗熊大吃一惊，"你有证据吗？"

小猕猴拿出拓下的脚印："这是我在现场采到的脚印，看看是不是你的脚印？"

狗熊拿过来一量，吃惊地说："嘿！你说怎么这么巧，不大不小正合适！"

小猕猴把眼睛一瞪："你还有什么说的？快交待是谁让你偷运树木？"

狗熊想了想说："我不能告诉你这个人是谁！这些玉米都是他送给我的。我答应过他，不告诉别人。"

小猕猴严肃地说："如果你不说，我将把你作为盗伐树木的主犯，送交法庭！"

"让我先吃根玉米，考虑一下。"说着狗熊就拿起一根玉米，刚想吃，小猕猴一把将玉米夺了下来。

小猕猴说："玉米不能吃了。这些玉米是你得到的赃物！"

狗熊从口袋里掏出一张纸，递给了小猕猴："这儿是一份秘密文件，上面有盗伐树木主谋的名字。"

狐狸盖新房

小猕猴接过一看，原来是一张纸条，上写"狐狸"两字。

小猕猴对小松鼠说："走，去找狐狸去！"

到了狐狸家，看见狐狸正在盖新房。

小猕猴对狐狸说："几个人住啊？盖这么大的房子！"

狐狸擦了一把头上的汗："现在是一个人，等新房盖好了，我再娶个媳妇，就是两个人住了。"

小猕猴指着地上的木头问："这些木料是哪里来的？"

"木料嘛……"狐狸眼珠一转，"是我自己种的。"

小猕猴又问："你狐狸一向以好吃懒做，偷鸡摸狗闻名，没听说你还种过树呀？"

"树我没种过，这些窗户和门都是我种的。"

"嘻嘻，真新鲜！我还没听说过，可以种窗户和门的！"

狐狸严肃地说："不信？我种一扇门给你看看。"说着狐狸从地上拾起 4 根小木棍。

狐狸用 4 根小木棍做成了一个长方形："这就是门的种子，我把它埋在土里，浇上点水，我再围着它转 3 圈儿，门的种子就长成大门了！我把大门挖出来。"狐狸真从土里挖出一扇木头大门。

小猕猴都看傻了："真神！"

收买大侦探

小猕猴问："你能给我种出一把椅子吗？"

狐狸摇摇头说："对不起，每天只能种出一样东西，种多了不长。"

"行啦！"小猕猴指着狐狸说，"别耍花招啦！你从山上盗伐了十几棵大树，你是用大树做的窗户和门。"

"开玩笑！"狐狸摇晃着脑袋说，"我狐狸这么瘦小，我怎么可能把那么大的树搬回来呢？"

小猕猴说："你不要再耍赖了！你用香蕉收买大象，用玉米收买狗熊，让他们给你运树木。"

狐狸厚颜无耻地说："既然我能收买大象和狗熊，为什么不能收买你呢？"

"收买我？"

"对！"狐狸说，"和你说实话吧！我偷运的树木有：8 米长的树 8 棵，12 米长的树 4 棵，16 米长的特大树 6 棵。"

小猕猴吃惊地说："偷了那么多呀！"

狐狸笑着说："我把这些树木都截成长短相同的木头，要求没有一点剩余。我把这些锯好的木头的一半分给你，怎么样？"

小猕猴眼珠一转："我先算算，我能得到多少木头？把 8 米、12 米、16 米都截成长短相同的木头而没有剩余，必须知道这三个数的最大公约数。"他在地上写出三个算式：

$$8=2\times2\times2$$
$$12=2\times2\times3$$
$$16=2\times2\times2\times2$$

小猕猴说："他们的最大公约数是 $2\times2=4$，一共可以截得 $8\div4\times8+12\div4\times4+16\div4\times6=16+12+24=52$（根）木头。"

"算得对！"狐狸凑上前问，"我分给你一半，就是 26 根，足够你家盖一栋新房子的。怎么样？"

小猕猴把眼睛一瞪，厉声喝道："坏狐狸！想收买我，没门儿！你因犯盗伐树木罪，被捕啦！"

"不好！快跑吧！"狐狸撒腿就跑。

跑了好一阵子，回头看不见小猕猴了。狐狸停下来休息："嘿嘿，你小猕猴哪有我跑得快？"

突然从头顶的树上，放下一个绳子套，一下子套住了狐狸的脖子。小猕猴在树上说："坏狐狸，看你往哪里逃？"

狐狸大叫一声："完了！"

计划抢劫

小猕猴侦破了盗伐树木的大案，大侦探的名字在大森林里叫得非常响。

一天，小猕猴看见山猫和大灰狼在一起偷偷议论着什么。他俩看见小猕猴走了过来，大喊："大侦探来了！"吓得撒腿就跑。

"跑什么呀？"小猕猴很奇怪。走上前去一看，只见地上写着一首打油诗：

小兔分梨乐呵呵，

每人7个剩9个，

每人9个差7个，

小兔几只梨几个？

小猕猴想：这是什么意思？我看山猫和大灰狼没安好心！我必须到白兔家侦察清楚。

小猕猴来到白兔家，看见白兔一家正在忙活着。小猕猴说："大白兔，你们家真热闹啊！"

大白兔笑着说："今天晚上，大灰兔一家要来做客。"

"噢？"小猕猴立刻警惕起来，他问："大灰兔一家要来多少口啊？"

"这我可不知道。"大白兔说着拿出一封信，"大灰兔昨天托人带来一封信。说来多少客人让我自己算。"

小猕猴接过信一看，大惊失色。

原来信上写的正是刚才看见的那首打油诗。

小猕猴忙问："这封信是谁送来的？"

"是小绵羊。"

小猕猴立刻去找小绵羊："小绵羊，你快告诉我，是谁让你把信送给大白兔的？"

小绵羊哆哆嗦嗦地说："是大灰兔让我把信送给大白兔的。半路上遇到了山猫，山猫把信拆开看了，还警告我，不许告诉任何人他看过了信。"

小猕猴点点头说："这就对了！看来一桩抢劫案即将发生！"

小绵羊忙问："抢劫？谁抢谁呀？"

"山猫和大灰狼要合伙抢劫大灰兔一家。"小猕猴说，"首先是抢劫小灰兔。我需要把小灰兔的只数立即算出来。"

小猕猴拿着信琢磨："每只小灰兔分7个梨，就多出9个梨来；每只小灰兔如果分9个梨，又少7个梨。这样一多一少，相差9＋7＝16

（个）梨。"

小绵羊问："为什么会差 16 个梨呢？"

"就是每只小灰兔多分 2 个梨造成的。"小猕猴说，"每只小灰兔多分 2 个，就差 16 个，说明小灰兔一共有 16÷2＝8（只）。"

蒙面抢劫

小绵羊说："咱们不能看着这两个坏蛋抢劫 8 只可爱的小灰兔！"

"对！咱们立即通知大灰兔去！"小猕猴转身就奔向大灰兔家。

大灰兔听说山猫和大灰狼要在半路上抢劫小灰兔，吓得没了主意。他说："那我们就不去大白兔家了。"

小猕猴摇摇头说："不合适。人家大白兔在家张灯结彩欢迎你们去呢！"

大灰兔着急地说："那可怎么办？"

小猕猴趴在大灰兔耳朵上，小声说："咱们这样，这样……"

大灰兔点点头："好主意！"

大灰兔收拾了一下，拉上一辆带篷的车，朝大白兔家走去。车里面不断传出小灰兔的打闹声。躲在树后面的山猫和大灰狼，看见车子过来了，争先恐后地冲了上去。

"吃小灰兔啊！嗷——"

"每人分 4 只！喵——"

山猫打开车篷，刚想钻进去，突然从里面伸出两支乌黑的枪口。"两个强盗，不许动！"小猕猴手拿着两支枪，从车里走了出来。

大灰狼大叫一声："哇！这下可完了！"

小猕猴刚刚到家，小鹿慌慌张张地跑了进来。他对小猕猴说："不好了！我家昨晚被蒙面人抢劫了！"

小猕猴忙问："他们有几个人？"

"好像是两个人，一个在屋里抢东西，另一个在外面望风。"

小猕猴跟着小鹿到了案发现场。小鹿指着两个空筐说："这两筐苹果被抢走了！"

小猕猴拿出放大镜仔细观察这两个筐。他从筐上摘下一根毛："看，这是强盗留下的毛。"

小鹿指着桌上的一瓶酒说："原来这里有 4 瓶草莓酒，他们抢走了 3 瓶。"

小猕猴用放大镜认真观察酒瓶："这酒瓶上留有强盗的手印。好，我把这些罪证记下来，回去展开侦查。"

小猕猴走在路上，看到狐狸搀着野猪晃晃悠悠地往前走，野猪边走边唱。

小猕猴问："野猪，你怎么啦？"

野猪半睁着眼睛说："我……没怎么着，我没喝醉！没醉！"说着冲小猕猴喷了一口酒气。

几根筷子

"你没醉？"小猕猴问："我问你一个问题：黑色、红色、黄色的筷子各有 8 根，混杂地放在一起。黑暗中想从这些筷子中取出颜色不同的两双筷子，至少要取出多少根？"

野猪回答："两瓶！"

"啊？两瓶？取两瓶筷子？"小猕猴十分震惊。

狐狸捅了一下野猪："你瞎说什么呀！大侦探问你的是筷子！"

"噢，是筷子。"野猪又改口，"两瓶不对，是两筐！"

"啊？两筐筷子？"小猕猴连连摇头。

狐狸赶紧说："大侦探，你别听他胡说八道，还是由我来回答吧！要保证能取出颜色不同的两双筷子，至少要取出 11 根筷子。"

野猪在一旁打岔："为什么要 11 根，而不是 8 根？"

"我来算，你老实听着，别打岔！"狐狸狠狠瞪了野猪一眼，"如果取 8 根，按最倒霉的情况，这 8 根都是同一种颜色，比方说全是黑色。这时肯定有了一双黑筷子。"

野猪打岔说："我才不倒霉呢！吃苹果、喝酒都不用筷子！"

狐狸又狠狠瞪了野猪一眼："我再取两根筷子，一种可能是这两根筷子是同一种颜色，比方说都是红色。这时我就取到了一双黑色、一双红色的筷子了。"

小猕猴问："如果你取出的两根筷子是一根红的，一根黄的呢？"

"那我就再取一根。如果这根是红色的，就得到一双红色的筷子；如果这根是黄色的，就得到了一双黄色的筷子。总之，我取 11 根筷子，肯定可以得到两双颜色不同的筷子。"

小猕猴一指野猪："看来，你喝的草莓酒比狐狸多！"

野猪把脖子一梗："狐狸吃的苹果可比我多！"

"对！"小猕猴点点头说，"你们俩从小鹿家抢走了 3 瓶草莓酒和两筐苹果，足吃足喝！"

野猪睁大了眼睛："呀！你都知道了！"

小猕猴厉声说道："你们快把抢走的草莓酒和苹果交出来！"

野猪对狐狸说："狐狸，你快去把酒和苹果藏起来！"

狐狸答应一声："野猪，你拉住小猕猴别撒手！"

"你敢顽抗！我先把你铐起来！"小猕猴掏出手铐，"咔嚓"一声就把野猪铐了起来。

野猪连忙求饶："大侦探饶命！这都是狐狸叫我干的！"

豹狼之争

小猕猴掏出手机："小松鼠、小鹿请注意，狐狸正朝你们所在的方向逃去！"

小松鼠回答："我们已经准备好绊马索，一定能活捉狐狸！"

狐狸边跑边回头："野猪当了俘虏，我快逃吧！"跑着跑着，一下子绊在绊马索上，"扑通"一声来了个嘴啃泥。没等狐狸站起来，小松鼠和小鹿飞快地跑上去，把狐狸给捆了。

狐狸见到小猕猴，非常不服气："你有什么证据，证明我参加了抢劫？"

小猕猴拿出一根毛和一张纸："这是现场取得的物证。经化验，这根毛就是你的毛，这手印也是你的手印！"狐狸低下了头。

小猕猴把野猪和狐狸送进监狱，刚想回家休息一会儿，小松鼠跑了过来："大侦探，不好了！一群豹和一群狼打起来了！"

"快去看看！"小猕猴和小松鼠一起赶去，到了现场，见几只豹和几只狼正打得不可开交。

一只领头的豹大叫："嗷——，我要咬死你们！"

领头的狼也大叫："嗷——，让你尝尝狼的厉害吧！"

小猕猴掏出手枪，"砰！"朝空中放了一枪："不要打啦！"双方看见小猕猴来了，也就停手了。

小猕猴问领头的豹："你们为什么和狼打架？"

领头豹说："有4头小猪被狼抢着吃了！"

领头狼反驳说："他胡说！小猪是被他们豹子吃了！"

"你胡说！""你胡说！"说着豹和狼又要打起来。

"不许打架！"小猕猴又一次拉开了豹和狼，"谁告诉你们有4只小猪的？"

豹拿出一封信："我这儿有情报！"

狼也拿出一封信："我也有情报！"

小猕猴把两封信打开一看："啊！两封信一模一样。"

信的内容是："上午 8 点，有几只小肥猪从大槐树下经过，快去抓！"

小猕猴问豹："你说有几只小肥猪？"

"4 只呀！"

小猕猴又问狼："你说有几只？"

"当然是 4 只！你看上面画的是 4 只肥猪嘛！"

"哈哈！你们都被人家骗了！"小猕猴说，"实际上是 0 只肥猪！"

$$🐷 × 🐷 + 🐷 ÷ 🐷 = 1$$

0 只小肥猪

豹大吃一惊："怎么会一只肥猪也没有呢？"

狼说："这信上明明画着 4 只肥猪嘛！"

小猕猴解释说："这是一道数学题。画的肥猪是代表肥猪的数量，如果用 x 代表肥猪的数量，这幅画可以变成一个熟悉的式子：

$$x × x + x ÷ x = 1$$
$$x × x + 1 = 1$$
$$x × x = 0$$
$$x = 0。"$$

豹大叫一声："0 只肥猪，让我们去抓什么？"

狼吼道："抓住送情报的家伙，我要把他吃了！"

小猕猴自言自语地说："这份情报会是谁写的呢？"

狼说："这家伙的数学一定特棒！"

小猕猴摇摇头："棒什么呀！他连题目都出错了。既然 $x = 0$，就不

应该出现 $x \div x$，因为 $0 \div 0$ 是不允许的！"

豹逞能说："我知道，0 不能当分母！ 0 不能当除数！"

狼突然想起来什么，他说："哎，我觉得有一个家伙非常可疑，你们随我来！"

小猕猴、豹跟狼来到一块空地，看见黄鼠狼正和几只野狗在分肉饼。小猕猴让豹和狼暂时先藏起来。

黄鼠狼手上托着一摞肉饼，说："把这 7 个肉饼平均分成 10 份，每份分得不同大小的两块，谁会分？"

一只野狗问："咱们一共是 9 个人，为什么要分成 10 份？"

"这个问题很简单。"黄鼠狼说，"谁会分就奖给他两份肉饼，这样 9 个人就需要 10 份了嘛！"

另一条野狗催促说："快分吧！ 一会儿让豹和狼知道了，咱们一份也别想要！"

"哈哈。"黄鼠狼得意地说，"你放心！ 我让豹和狼打起来了。现在正打得不可开交，没工夫管这儿。"

黄鼠狼见野狗们都不会，他笑呵呵地说："你们不分，我就分了。先拿 5 个肉饼，把每个肉饼都分成两块；再把剩下的两个肉饼，每个分成 5 块，这样就分成了 10 份，每份都是一大一小两块饼。"黄鼠狼把饼切好以后，就拿走两份。

黄鼠狼对野狗们说："我会分，当然我拿两份了。"

黄鼠狼刚要离开，只听有人叫道："别走！"黄鼠狼扭头一看，是小猕猴来了。

"啊！"黄鼠狼吓得目瞪口呆。

我会算卦

小猕猴问黄鼠狼："你怎么知道狼和豹正在打架？"

"这个……"黄鼠狼眼珠一转说，"噢，我会算卦。我算出来的！"

小猕猴又说："今天有人报案，说丢了几只肥猪，你算算是谁偷走的？"

"我来算算。"黄鼠狼开始装神弄鬼，"天灵灵，地灵灵，谁把肥猪吃干净？大花豹、老灰狼抢吃肥猪不留情！我算出来了，是豹和狼。"

"嗯。"小猕猴点点头说，"你再算算，总共丢失了几只肥猪？"

黄鼠狼眼珠又一转："算是可以算出来，只是不能直接告诉你得数。"说着就写出一个式子：

$$
\begin{array}{r}
\text{鼠} \quad 3 \quad \text{猪} \\
-\quad 3 \quad \text{猪} \quad \text{鼠} \\
\hline
1 \quad 8 \quad 9
\end{array}
$$

黄鼠狼说："只要你能算出式子中猪所代表的数字，就知道丢了几只肥猪。"

小猕猴冷笑了一声："此乃雕虫小技，由于猪和鼠都代表一位数，可以肯定加在十位上的猪等于 4，而个位数上的鼠等于 5。"

黄鼠狼见小猕猴算是如此之快，感到十分惊奇："猪为何得 4，我不明白，请大侦探说明道理。"

小猕猴说："由于鼠不可能是小于 4 的数，否则，百位上相减不可能得 1。由于鼠不能小于 4，所以个位上的猪必须向十位上借 1，十位上被借走 1，就变成 2 了，这时就有算式

$$12 - \text{猪} = 8$$

$$\text{猪} = 12 - 8 = 4。"$$

数学动物园

李毓佩
数学科普文集

黄鼠狼十分肯定地说："大侦探算得对！是丢了 4 只肥猪。"

"不对！"小猕猴一口否认，"丢的肥猪数不是 4 只，而是等于乘积 $1×2×3×4×5×6×7×8×9$ 的最后一位数。"

黄鼠狼看着这一长串数的乘积，叫道："哎呀！这 9 个数连乘，乘积该有多大呀！我可乘不出来。"

小猕猴瞥了他一眼："我猜你的数学也不怎么样！要知道最后一位数，根本用不着真的去乘。"

黄鼠狼忙问："不乘怎么会知道？"

"由于乘数中有一个 2，还有一个 5，而 $2×5＝10$，可以肯定最后一位数是 0。"小猕猴说，"实际上一只肥猪也没丢！"

黄鼠狼关心地问："豹和狼打得怎么样了？"

小猕猴说："唉，两败俱伤！"

送交法庭

"哈哈！豹和狼都死了，我的计划成功了！"黄鼠狼高兴极了，"今后在大森林里，我黄鼠狼就可以称王称霸了！"

黄鼠狼仔细想一想：小猕猴会不会骗我呀？我要亲自去看看，豹和狼是不是真死了。

黄鼠狼走到森林的一头，果然看见狼和豹都躺在地上，一动也不动。黄鼠狼走过去，每人踢了一脚："看你们还横不横了？这次总算都让我给治死了！"

突然，豹蹿起来叫道："我没有死！"

狼也蹦了起来："我还活着呢！"

豹和狼一起揪住了黄鼠狼，问："两份情报是不是都是你送的？"

黄鼠狼倒也不怕，他点点头说："不错，情报是我写的，也是我送的。可是情报里明明白白写的有 0 只肥猪，谁让你们不懂数学呢！"

小猕猴走了过来，对黄鼠狼说："黄鼠狼，你挑拨森林里的动物互相残杀，我把你送交法庭，要依法惩处！"说完给黄鼠狼戴上了手铐。

黄鼠狼长叹了一口气："唉！下一步弄死狗熊和老虎的计划，看来要延期执行了。"

今天法庭开庭审判黄鼠狼挑拨豹和狼打斗一案。

审判长大象坐在审判庭最高的位置，他宣布："现在开庭！带证人出庭！"

小猕猴站到了证人席上，他说："我是证人。黄鼠狼挑拨豹和狼打斗的整个过程我都在场。"

经过审判，大象最后宣布："黄鼠狼犯了挑拨离间罪，判处黄鼠狼蹲鸡笼子 3 天，不给饭吃！"

小猕猴疑惑地问："审判长，鸡笼子能关得住黄鼠狼吗？"

大象说："大侦探，你放心！这是加密的鸡笼子，黄鼠狼有天大的本领，也别想逃出去！"

黄狗警官将黄鼠狼关进了鸡笼子："老实在里面待 3 天！"

黄鼠狼点点头："我一定老实。"

第二天一早，黄狗发现鸡笼子里空了。

黄狗警官赶忙来找小猕猴："大侦探，不好了！黄鼠狼逃走了！"

"啊！"小猕猴大吃一惊，"黄鼠狼真有本领，一个小洞，他也能钻出去！走，咱们去追捕黄鼠狼！"

追捕黄鼠狼

小猕猴见到地上有一封信，感到十分奇怪："这是谁掉的信？"说着把信打开，信上写着：

大侦探：

　　我过了河将照直往前走若干千米等着你。千米数的两倍是个两位数。如果把这个两位数写在纸上，倒过来看，就变成千米数的自乘了。

　　欢迎来找我。

黄鼠狼

　　黄狗警官看完信，摸着后脑勺说："这个问题可真难呀！我连看都看不懂。"

　　小猕猴也摇了摇脑袋："是不容易，要好好琢磨一下。"

　　突然小猕猴问黄狗警官："你说什么样的不是零的一位数倒过来看，还是数？"

　　"嗯——"黄狗警官想了一下，"应该是 1，6，8，9 这四个数。"

　　"对，咱们就研究这四个数。"小猕猴边说边写，"1 的两倍是 2，6 的两倍是 12，而 2 和 12 倒过来看就不是数了。"

　　黄狗警官点头："对，肯定不是 1 千米和 6 千米。"

　　小猕猴又算："8 的两倍是 16，9 的两倍是 18，把 16 和 18 倒过来看分别是 91 和 81，它们都是数。"

　　黄狗警官高兴地说："有门儿！"

　　"下面检查一下，是不是这个数的自乘？"小猕猴说，"8×8＝64，显然不等于 91；9×9＝81，嗨！9 正合适！"

　　小猕猴一挥手："追！过河再追 9 千米！"两个人过了河，快步向前追去。

　　追到 9 千米处，根本不见黄鼠狼的影子。

　　黄狗警官问："到了 9 千米了，怎么不见黄鼠狼啊？"

　　小猕猴一指地面："你看看这是什么？"只见地

上画有 7 个圆圈，每个圆圈里都写着一个英文字母。在圆圈的下面还写着几行字：

大侦探：

　　我将往右走 G 千米等着你。请将 1 ～ 7 填进 7 个圆圈，使每条直线上的 3 个数之和相等。并且使 $A+C+E=B+D+F$。

　　　　　　　　　　　　　　　　黄鼠狼

　　黄狗警官生气地说："嘿，这个可恶的黄鼠狼！总出题考咱们，抓住他，给他加刑 3 天！"

　　"做难题一定要注意观察。"小猕猴说，"你看，1 ～ 7 这七个数中，两两之和相等的会是哪些呢？"

　　黄狗警官说："我看出来了，是 $1+7=2+6=3+5=8$。"

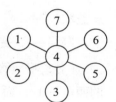

　　"很好！"小猕猴说，"还剩下一个 4，就把 4 放在中间的圆圈里，试试看。"说着就填出一个图。

　　黄狗警官仔细看了看图，摇摇头说："不对，不对。$3+4+7=14$，而 $1+4+5=10$，这两条直线上的数之和不相等呀！"

　　"我再改一下。"小猕猴重又填了一次，"这么一填，就有 $1+4+7=2+4+6=3+4+5=12$，好，填对了！"

　　"走，咱们向右走 4 千米。"黄狗警官走在了前头。

　　走到 4 千米处，果然看见黄鼠狼坐在那里等着他们。黄鼠狼说："既然你们算出来了，我就跟你们回去。"

　　黄狗警官给黄鼠狼戴上手铐，拉着他返回监狱。

数学动物园　　李毓佩
数学科普文集

4. 熊虎决斗

胖熊求婚

天不亮，瘦猴就被一阵刺耳的哭声惊醒。"是谁这么讨厌，天不亮就嚎上啦？"瘦猴一翻身，"噌"的一声，从树上跳了下来。他循声找去，发现胖熊坐在一棵大树下面号啕大哭。

瘦猴推了一把胖熊，问："嘿，嘿，你有什么伤心事，不能等天亮了再哭？"

胖熊抹了一把眼泪，又擦了一把鼻涕，说："我昨天向我心爱的小母熊求婚，她给我出了一道天大的难题，我不会做。她说，如果我不会做她就不嫁给我！你说我怎么办？呜——哇——"说完又哭了起来。

"行啦！再哭，全森林的动物都要被你吵醒了。"瘦猴问，"你说说，这天大的难题是什么？"

胖熊说："我说完了，你一定要帮我做出来！"

瘦猴点点头说："我尽力帮忙。"

"小母熊说，我已经是她的第三个求婚者了。她有一篮子苹果，她把

这篮苹果中的一半再多 1 个给了第一个求婚者，把余下的一半再多 1 个给了第二个求婚者；她准备把余下的苹果分成两半，把其中的一半加 3 个苹果分给我，苹果恰好分完。最后，她问我原来篮子里有多少个苹果。"胖熊说完，站起来问，"这题你会算吗？"

瘦猴皱着眉头，故作为难地说："这题真难哪！"

胖熊赶紧笑脸相迎，说："你帮我做出来，我把得到的苹果分你一半，怎么样？"

瘦猴一伸手："给我 3 个苹果！"

胖熊不高兴地说："你还没算，就要苹果？"

"谁说我没算？从 3 个苹果开始，我用倒推法给你算！"瘦猴说，"她是不是把最后剩下的苹果分成两半？"

胖熊回答："对呀！"

"把其中的一半加 3 个给你，苹果恰好分完。说明这一半就是 3 个苹果，分给你的是 6 个苹果。对不对？"

胖熊摸了摸脑袋，点了点头："对，对，是 6 个。我分给你一半正好是 3 个。"

瘦猴接着分析："分给第二个求婚者时，她是把篮子里的苹果先分成两半，给人家一半还多 1 个，剩下的 6 个是一半少 1 个，一半就是 6+1=7（个）。因此，分给第二个求婚者之前，篮子里还有 7×2＝14（个）苹果。再往前推，她原来篮子里有 (14＋1)×2＝30（个）苹果。"

胖熊掰着指头算了起来："她给了第一个求婚者 16 个苹果，给了第二个求婚者 8 个苹果，只给了我 6 个苹果，我还要分给你一半。我太亏了。"

胖 熊 结 婚

"胖熊要结婚啦！"喜讯像春风吹遍了森林。胖熊特邀瘦猴帮助操办婚礼，瘦猴也很乐意帮忙。

胖熊从外面背来一口袋花生，冲瘦猴嚷嚷道："客人来了，先请他们吃花生，让客人来个满嘴香！"

"恭喜！恭喜！"随着一阵杂乱的脚步声，第一批客人来了。

"吃花生！吃花生！"胖熊把花生分给客人，每人正好 12 粒。

"慢着！慢着！先别吃！"瘦猴赶紧把花生都收了回来。

胖熊不明白："为什么不让吃？"

瘦猴埋怨说："你现在把花生都分了，待会儿来的客人吃什么？"

胖熊点点头："对，对，等会儿再分！"

第一批客人都去看新房了，紧跟着第二批客人来了。胖熊非常高兴，把客人请进屋，拿出花生分给第二批客人："吃花生，香香嘴！"每人恰好分到 15 粒。

瘦猴一看，又急了。他对第二批客人说："对不起，要先看新房，后吃花生！"等客人一走，瘦猴赶紧把花生收了起来。

等第三批客人到来后，胖熊再一次把花生分给了客人，每人分得 20 粒。这时前两批客人回来了，三批客人聚在一起，有的有花生，有的没有花生，没有花生的客人就不高兴了。

大老虎一拍桌子，吼道："我是第一批来的，为什么不给我吃花生？"

老狼一跺脚，嚎道："我是第二批来的，可是第三批来的反而吃上花生了。这是什么道理？胖熊，你给我说清楚！"

胖熊急得满头大汗，搓着双手满屋乱转，嘴里不停地说："真对不起大家！"

瘦猴站出来说："大家静一静，花生每人都有份。请第三批客人先把花生交出来，我再平分给大家。"

狐狸"嘿嘿"一阵冷笑："平均分？说得容易！你必须先告诉我，平均分之后我能分到几粒？否则，我们不交花生！"

瘦猴说："你难不倒我！虽然我不知道花生总数是多少，但是通过三次分花生的结果，我可以肯定花生的总数可以被 12，15，20 整除。

"根据 12，15，20 的最小公倍数为 60，可以设花生总数为 $60x$，那么第一批客人人数为 $60x \div 12 = 5x$，第二批客人人数为 $60x \div 15 = 4x$，第三批客人人数为 $60x \div 20 = 3x$，三批客人总数是 $5x + 4x + 3x = 12x$。$60 \div 12 = 5$，可知每人可以分到 5 粒花生。"

狐狸还想说什么，胖熊一瞪眼，吓得狐狸赶紧把手中的 20 粒花生交了出来。每位客人吃完 5 粒花生之后，婚礼开始了。

小熊上学

时间过得真快呀！胖熊结婚后又有了孩子——小熊。小熊也开始上学啦！

一天早上 7 点，小熊背起书包去上学。8 分钟后，胖熊发现小熊忘记带书了。"没有书怎么成？"胖熊拿起书立即去追，在离家 4 千米处追上了小熊。

胖熊批评小熊："怎么总丢三落四？上学连书都不带！"

小熊低着头说："对不起，我的作业本也忘带了。"

"啊？你赶紧往前走，我回家给你取。"胖熊说完就往家里跑，到家拿起作业本又去追小熊，在离家 8 千米处第二次追上了小熊。

小熊问："爸爸，现在几点啦？我们 7 点 30 分上课，我会不会迟到？"

胖熊摇摇头："我可不知道时间。"

"如果迟到了，我就不去了！"小熊开始耍赖。

胖熊气得要打小熊。小熊一屁股坐在地上，蹬着腿哭闹起来。

"嗖"的一声，瘦猴从树上跳了下来，当年的小猴，现在变成猴叔叔了。瘦猴问："这是怎么啦？"说着抱起小熊，小熊哭着喊着问现在几点了。

"让叔叔给你算算！"瘦猴说，"你是 7 点从家出来的，一共走了 8 千米，只要知道你的速度，就可以求出时间。"

小熊不哭了，他说："我并不知道自己的速度呀！"

小猴解释："虽然不知道你的速度，但你爸爸又给你送书，又给你取作业本，通过你爸爸来回这么一折腾，就能够求出你的速度来。"

"真的？"小熊高兴了。

"你爸爸从离家 4 千米处和你分手后，到第二次追上你，一共走了 $4+8=12$（千米），而在这段时间里你只走了 4 千米。因此，你的速度是你爸爸的 $4 \div 12 = \frac{1}{3}$。"瘦猴很耐心地给小熊讲解。

小熊问："可是这里面缺少时间呀！"

"小熊还挺聪明！"瘦猴拍了拍小熊的脑袋，说，"你爸爸发现你忘记带书时已经是 7 点过 8 分了。他第一次追上你是在 4 千米处，在他追你这段时间里，你走的路程只有他所走路程 4 千米的 $\frac{1}{3}$，也就是 $4 \times \frac{1}{3} = \frac{4}{3}$（千米）。因此你在前 8 分钟走了 $4 - 1\frac{1}{3} = 2\frac{2}{3}$（千米），平均每分钟走 $2\frac{2}{3} \div 8 = \frac{1}{3}$（千米），这就是你的速度。"

小熊说："有了速度，我会求时间了。我一共走了 8 千米，速度是每分钟 $\frac{1}{3}$ 千米，$8 \div \frac{1}{3} = 24$（分钟）。啊，现在是 7 点 24 分了，还有 6 分钟就要上课了，我要赶紧走了。叔叔再见！"

李毓佩
数学科普文集

小熊报信

老虎见胖熊的小日子过得挺红火，气不打一处来，心想：我是森林之王，怎么我的日子反而没有你胖熊过得好？老虎命令兔子给胖熊送个信，约胖熊第二天早上8点同时和自己从各自的家出发，相向而行，相遇后进行决斗，要分出个高低，斗个你死我活！

胖熊是真正的男子汉，勇敢地接受了挑战。小熊也要跟着爸爸去决斗。

第二天早上8点，胖熊带着小熊准时向老虎家的方向进发。小熊灵机一动，说："爸爸，我跑得快，先去探听一下老虎的情况。"说完一溜烟地跑了。胖熊继续往前走。

过了一会儿，小熊气喘吁吁地跑了回来，对胖熊说："糟啦！糟啦！不只是老虎，后面还跟着一只坏狐狸呢！"

"啊！"胖熊听说狐狸也跟着来了，不禁心头一震，心想：我不怕横的，就怕坏的！

"我再去看看！"小熊说完又跑了。

转眼间小熊又跑了回来，他说："老虎和狐狸离咱们不远了。爸爸，你快做好准备！"说完一转身又没影了。

小熊来回跑了好几次，胖熊和老虎终于碰面了。胖熊问："老虎，咱们俩怎么个决斗法？"

"不着急决斗。"狐狸抢先一步说，"你先算道题。我测量过了，你们两家相距10千米。虎大王每小时行6千米，你傻胖熊每小时才行4千米，你算算你们俩从出发到相遇共用了多长时间？"

胖熊的数学实在不行，连这么简单的题目都不会做，他捂着脑袋直出汗。狐狸冷笑着在一边看。

"用了1小时。"瘦猴也不知从哪儿钻了出来，对狐狸说，"你不要狐假虎威！我来考你一道题：小熊从一开始就在老虎和胖熊之间来回跑，一直到他们俩相遇才停下来，他的速度是每小时 10 千米，你给我算算，小熊一共跑了多少千米？"

"小熊从他们家出来，见到我们就往回跑，见到他爸爸之后又朝我们这儿跑，他是一分钟也没闲着。可是，他每一段跑了多远并不知道啊！"狐狸也傻眼了。

瘦猴微微一笑说："像你这样算，猴年马月也算不出来呀！既然老虎和胖熊从出发到相遇的时间是 1 小时，小熊也跑了 1 小时。小熊每小时跑 10 千米，他一共跑了 10 千米呀！根本用不着一段一段地算！"几句话说得狐狸脸上一阵红一阵白。

虎熊决斗

虎熊决斗开始了。老虎主张相互扑咬，胖熊却要求摔跤。经过猜拳，胖熊获得决定权。狐狸为了讨好老虎，也要求参加摔跤比赛。瘦猴双手一拍，叫了一声："好！你们三个摔，我来当裁判。你们三个来个循环赛，谁把对方摔得肩背着地，就算胜。胜一场得 10 分，输一场得 0 分，平一场得 5 分。在比赛过程中，谁把对方摔一个嘴啃泥，就得 1 分。最后根据每人总分多少来决定胜负。"

"好！""好！"除了狐狸没吭声，老虎和胖熊都同意。

瘦猴一声令下，摔跤比赛开始，场上喊声震天。老虎虽然凶猛，但胖熊是摔跤能手。只听"扑通"一声，老虎倒地，尘土飞扬。"哎呀"，狐狸从空中摔下，疼得"嗷嗷"乱叫。

突然，狐狸大叫："停！"他晃了晃脑袋问："摔了几场啦？"看来狐狸被摔糊涂了。

瘦猴强忍着笑说："你就不用问摔了几场了，现在的得分是：狐狸得

3 分，老虎得 7 分，胖熊得 21 分。你自己算算现在摔了几场，你们三个又各胜几场。"

狐狸翻着白眼，呆了好大一会儿才缓过劲来，他说："我一共得了 3 分，胜一场得 10 分，平一场得 5 分，显然我全输了。可是我也得了 3 分呀！说明不管是老虎还是胖熊，我有三次把他们摔得嘴啃泥！哈哈，我狐狸也不简单哪！但是……总共赛了几场，我还是算不出来。"

"你得意什么？胖熊和你比赛的时候，也把你摔了四次嘴啃泥呢！"瘦猴说，"三个人比赛，只算你一个的得分怎么能行？你得 3 分，说明你全输；老虎得 7 分，说明他没胜。由此可以肯定，你们俩没有比赛过。"

"那当然了，我和老虎是铁哥们！我怎么好意思摔他呢？"狐狸神气十足地说，"你别看狗熊那么胖，我照样三次把他摔成嘴啃泥！"

瘦猴继续分析说："你和老虎都得了分，说明你们俩都和胖熊比赛过。胖熊至少胜了你一场，得 10 分；胖熊又摔你四次嘴啃泥，又得 4 分，他至少得 14 分。从胖熊的 21 分中减去 14 分得 7 分，说明老虎和胖熊打了一个平手。"

"我明白了。"狐狸摇晃着脑袋说，"总共赛了四场，我把胖熊摔了三次嘴啃泥，他摔了我四次嘴啃泥，最后还是我输了。老虎和胖熊各把对方摔了两次嘴啃泥，虽然他们俩打了个平手，但按总分算是胖熊获胜！"

老虎气得"嗷嗷"叫，指着胖熊喊："这次不算，咱们俩再比试一次扑咬，你敢吗？"

虎熊猜先

摔跤比赛，老虎输了。老虎不服，提出要和胖熊比试扑咬的本领。老虎有猛劲，可是耐力不够，他希望速战速决，便提出比赛采用"三战两胜制"，就是比赛三场，谁先胜两场谁胜利。胖熊的耐力特别好，他主张采用"五战三胜制"。怎么办？只好猜先，谁猜到先，就按谁的方案比。老虎上次猜输了，这次让狐狸替他猜。胖熊也不傻：既然你让狐狸替你猜，我就让瘦猴替我猜。

狐狸向前走了几步，摇晃着脑袋问瘦猴："咱们俩怎么个猜法？是抓阄啊，还是玩'石头剪子布'？"

"嘻嘻！"瘦猴摇摇脑袋说，"咱们不玩那些小孩子的玩意儿，你狐狸聪明绝顶，咱们来点儿高档次的吧！"

"对，这话我爱听。"狐狸咧着嘴乐，"你说怎么猜吧！"

瘦猴从后腰上拿出一袋玻璃球，说："这口袋里有红、黄、蓝、绿、黑五种颜色的玻璃球共 100 个，其中红的 12 个，黄的 27 个，绿的 19 个，黑的 33 个。要求从口袋中只取一次，保证取出的玻璃球中有 13 个颜色相同，谁取出的玻璃球最少，谁获胜。"

"我取它 39 个，39 是 13 的 3 倍，总可以取到吧！"说完狐狸伸手从口袋里抓出 39 个玻璃球，放到地上一看，哪种颜色的玻璃球也不够 13 个，狐狸泄了气。

瘦猴没说话，伸手从口袋里抓了两大把，放到地上数了数，玻璃球总共是 58 个。狐狸探头一看，里面有 13 个黄玻璃球。狐狸眼珠一转，直着脖子喊："你是瞎蒙的！"

"蒙的？"瘦猴说，"我来给你讲明其中的道理：红、黄、绿、黑这四种颜色玻璃球的个数都知道了，蓝玻璃球的数量可以算出来：$100-12-27-19-33=9$（个）。考虑最倒霉的情况：取了 12 个红色的、12

个黄色的、12 个绿色的、12 个黑色的、9 个蓝色的。红色的和蓝色的都取光了，再多取 1 个就会使黄色、绿色、黑色这三种颜色中的一种变成 13 个。12×4＋9＋1＝58（个），也就是说，不管你怎样取，只要取够 58 个球，一定有 13 个颜色相同的。"

狐狸撇着嘴说："这次算你赢了，下面该我出题了！"

熊扑虎倒

狐狸取球输了，他不甘心，想玩新花招儿。他对瘦猴说："你把 1，1，2，2，3，3 这六个数字排成一行。要求 1 与 1 之间有一个数字，2 与 2 之间有两个数字，3 与 3 之间有三个数字。你会排吗？"

瘦猴想了想，说："有两种排法，312132 或 231213。"

狐狸无可奈何地摇摇头，说："我还真难不住你！"

瘦猴说："你难不住我，我倒要问你一个问题。这儿有数字 1、2、3、4 各两个，怎样排才能使两个 1 之间有一个数字，两个 2 之间有两个数字，两个 3 之间有三个数字，两个 4 之间有四个数字？"

狐狸不以为然，拿起树棍在地上排了起来，结果这样排不对，那样排也不对。狐狸在地上写满了数字，累了一头汗，也没排出来。

狐狸眼珠一转，反咬一口说："你出的这个问题，根本排不出来！"

瘦猴走近一步说："我要是排出来了，怎么样？"

狐狸把脖子一挺，说："你排出来，我彻底认输！"

瘦猴也不说话，在地上写了两行数：41312432 和 23421314。

狐狸一看，二话没说，转身走到老虎跟前，说："我输了，你要让人家胖熊先咬。"

"废物！"老虎扬手给了狐狸一记耳光，把狐狸打出去好远。

老虎双手叉腰，对胖熊说："你只管扑上来咬，我要是皱一下眉头，就不是林中之王！"

听老虎这么一诈唬，胖熊还真有点儿害怕，迟疑着不敢扑上去。瘦猴趴在胖熊的耳朵旁小声嘀咕几句，胖熊点了点头，运足了底气，大吼一声扑了上去。由于胖熊的冲力太大，老虎晃了两晃，"扑通"一声仰面倒在地上。

胖熊的招数真绝！他上面咬住老虎的鼻子，下面挠老虎的痒痒肉。老虎痒得满地打滚，不断求饶："嘻嘻，我认输，我认输！快别挠了！嘻嘻，痒死我啦！"

胖熊松了手，从地上站了起来，对老虎说："你认输了，回家去吧！"老虎低着头刚要走，被狐狸拦住了去路。

狐狸捂着脸说："大王不能走！咱们说好了比赛采用'五局三胜'制，这刚刚比试了一局，您怎么能认输呢？"

"对！下一局该我扑咬胖熊了。"听了狐狸的话，老虎又来劲儿了。

胖熊的要害

胖熊听说老虎要扑咬自己，心里非常害怕。他用胳膊碰了一下瘦猴，小声问："怎么办？让老虎咬一口，可不是闹着玩儿的！"

瘦猴眼珠一转，大声说："谁不知胖熊皮厚，不怕咬！老虎咬你一口，顶多咬下几根熊毛，没什么了不起的！"

老虎问狐狸："真是这样？我可从来没有咬过狗熊！"

狐狸一愣，接着"嘿嘿"一阵冷笑，说："不错，胖熊的皮是比较厚，你咬他两口，他也不在乎。可是我听猎人说过，他胸前那块长着白毛的弯月形部分，是致命的部位，要是开枪打那个部位，一枪就能要了狗熊的命！虎大哥，你就照着他弯月形的部位咬，准没错！"

胖熊一听狐狸说出自己的要害，吓得直往瘦猴身后躲。

瘦猴摇摇头说："狐狸，你只知其一，不知其二。如果用枪打，那个地方确实是要害部位。现在是用嘴咬，能咬多深？你根本伤害不到他的里面。"

老虎一听，又没了主意。他问瘦猴："你说我应该咬胖熊的什么地方？"

瘦猴在地上画了一张图，说："胖熊最怕咬的地方是弯月形下面的圆形部位。你必须先咬圆，再咬弯月形，而且这两个图形要咬得面积一样大，才能置胖熊于死地！"

"啊！"老虎圆瞪着双眼问，"这里面有这么大学问？"

"虎大哥别怕，我来给你算算，这个圆和弯月形的面积各有多大。"狐狸指着地上的图说，"把大正方形的各边都四等分，每一份的长度算作1，圆的半径就是1，其面积是π，而弯月形的面积等于大半圆的面积减去两个小半圆的面积。大半圆的半径是2，面积为2π，而两个小半圆的面积之和为π。所以，弯月形的面积等于$2\pi-\pi=\pi$。好了，这两块的面积一样大，你每次都把所要咬的图形全部咬在嘴里，就能保证两次咬的面积一样大！"

"好的！"老虎把身体往下一蹲，猛地向胖熊扑了过去。

谁 更 聪 明

老虎扑向胖熊，来了个"黑虎掏心"。胖熊不敢怠慢，向侧面一滚，让老虎扑了一个空。

老虎大怒，指着胖熊的鼻子责问道："你怎么搞的？我扑你，你怎么躲开了？"

瘦猴站出来说："为什么不许躲呀？"

老虎说："我刚才就没躲！"

"你没躲，说明你傻！"瘦猴倒背双手围着老虎转了一圈儿说，"胖熊可比你聪明多了！"

"啊，气死我啦！"老虎平地蹿起老高，大声吼道，"谁不知道狗熊最笨，大家都叫他'笨狗熊'，谁敢说我'森林之王'笨？"

瘦猴摇摇头说："人家不说，不等于心里不那样想。聪明和笨是可以测试出来的。"

老虎马上要求瘦猴测试一下他和胖熊，看究竟谁笨谁聪明。

狐狸拉了一下老虎的后腿，小声说："你先扑咬胖熊一次呀！不能让他白咬你一次。"

"不，我要先和胖熊测试一下谁更聪明！"老虎主意已定，对瘦猴说，"你来测试我们俩吧！"

"好吧！"瘦猴说，"昨天我去胖熊家，发现屋里坐着许多动物。我仔细一数，除了两只动物外，其余都是熊；除了两只动物外，其余都是牛；除了两只动物外，其余都是兔。老虎，你说屋里有几只动物啊？"

"10只，15只，20只？哎呀，可真不少呢！"老虎算了半天也没有说出结果。

胖熊回答："其实只有我、老牛和小兔三只动物。"瘦猴把手往上一举，宣布："胖熊回答正确！"老虎立刻傻了眼。

"不算！不算！"狐狸慌忙摆手说，"这是胖熊他们家的事，他当然很清楚了。"

一件花背心

胖熊说出正确答案，以 2∶0 领先。狐狸说瘦猴和胖熊是一伙儿的，瘦猴不能出题测试。正巧黄狗背着一只口袋从这儿经过，狐狸请黄狗出一道题。

李毓佩
数学科普文集

黄狗想了一下，从口袋里拿出 5 个馒头和 1 件花背心，说："我给人家看门守夜，说好看 12 天，主人答应给我 12 个馒头和 1 件背心。可我只干了 7 天，家里有事，我得赶紧回去。我非常喜欢这件花背心，人家就把背心给了我，并且公平地给了我 5 个馒头。老虎和胖熊，你们俩谁能算出我的这件背心值几个馒头？"

老虎摇摇头说："我吃肉，不爱吃馒头！"

胖熊点点头说："我倒是吃馒头，但是我不会算哪！"

黄狗指着狐狸和瘦猴说："他们俩不会算，你们俩做对了也算数。"

瘦猴抢先说："我来算。你 12 天得 12 个馒头和 1 件花背心，每天应该得 1 个馒头和 $\frac{1}{12}$ 件背心，7 天就应该得 7 个馒头和 $\frac{7}{12}$ 件背心，现在你得到 1 件背心和 5 个馒头，也就是多得了 $1-\frac{7}{12}=\frac{5}{12}$（件）背心，少得了 $7-5=2$（个）馒头。"

黄狗恍然大悟，说："我明白了，我多得的 $\frac{5}{12}$ 件背心值 2 个馒头！"

"对！"瘦猴说，"这样一来就可以求出 1 件背心值几个馒头了。"他列出算式：

$$2\div\frac{5}{12}=4\frac{4}{5}\ （个）$$

狐狸着急地说："这题我也会做！"

黄狗说："人家做出来了，你才说会做，晚了！3∶0，胖熊获胜！"

枯井救子

在瘦猴的帮助下，胖熊以 3∶0 获得了胜利，老虎、狐狸一前一后，垂头丧气地溜走了。

胖熊非常高兴，拉着瘦猴回家吃饭。胖熊还没到家，就听到一阵阵哭声，他脸色突变，大叫一声："不好！我们家出事啦！"说完撒腿就跑。瘦猴不知出了什么事，赶紧跟上。

跑到近处才看见，母熊趴在一口枯井旁哭，枯井里隐约传出小熊的哭喊声。"是小熊掉进枯井里了！"胖熊急得要跳进枯井救小熊。

"慢！"瘦猴拉住胖熊，"你又不知道枯井有多深，贸然跳进去，弄不好连你自己都上不来了！"

胖熊围着枯井转了一圈，说："这可怎么办哪？急死我啦！"

瘦猴找来一条长绳子，说："先测量一下枯井有多深。"绳子太长，瘦猴把绳子 4 折以后放进枯井里。瘦猴一边放，一边对枯井里喊："小熊，你看见绳子了吗？"

小熊在井里回答："我已经抓住绳子头了。"

"你抓住别动！"瘦猴取出尺子，量出绳子超出井口的部分有 1 米长。瘦猴把绳子拉出来，又把绳子 5 折后放进枯井里，量出露在井口外面的绳长是 0.1 米。

瘦猴掐指一算，说："枯井深 3.5 米。"

"3.5 米不算深，我跳下去！"胖熊说完就要往下跳。瘦猴一把拉住了胖熊，说："你重我轻，还是我下去吧！"瘦猴让胖熊拉住绳子的一头，自己则顺着绳子滑到井底。瘦猴一手抱起小熊，一手拉住绳子，脚蹬着井壁，"噌噌"几下就跃出了枯井。

母熊对瘦猴千恩万谢，胖熊却问："你是怎么算出井深 3.5 米的？"

瘦猴说："绳子 4 折后，在井口上面露出 1 米，合起来是 $1 \times 4 = 4$（米）。绳子 5 折后，在井口上面露出 0.1 米，合起来是 $0.1 \times 5 = 0.5$（米），二者相差 $4 - 0.5 = 3.5$（米）。为什么少了 3.5 米呢？是因为绳子由 4 折变成了 5 折，多了 1 折与井深同样长短的绳子，所以井深 3.5 米。"

胖熊一挑大拇指，说："我服你啦！"

小熊学数学

通过接连发生的几件事，胖熊发现数学太有用了，他决定让小熊跟着瘦猴学数学。小熊非常喜欢学数学，每天早上都背着书包去找瘦猴。

一天，小熊对瘦猴说："刚才我看见一群小猴在分桃，又吵又闹也没分好，我想帮忙，可是我也不会分。"

"你说说。"瘦猴从树上跳了下来。

小熊说："小猴分桃乐呵呵，每只6个剩8个，每只8个差6个，小猴几只桃几个？"

"哈哈！"瘦猴笑了，"好你个小熊，考起师父来了。此题不难，一共有7只小猴、50个桃。"

小熊惊讶地瞪着大眼睛问："您怎么算得这么快？"

"你要这样想。"瘦猴说，"第一次分，剩下8个桃，第二次分，少6个桃，合起来一共是14个。这个差数14是每一次每只小猴多分2个桃造成的。因此，$14 \div 2 = 7$ 是小猴的只数，$6 \times 7 + 8 = 50$ 是桃子的个数。"

"真神！"小熊敬佩地说，"难怪我爸总夸奖您，您还真有两下子！不过，我还有一个问题，不知您会不会解？"

瘦猴笑着说："你说出来听听。"

小熊说："我从家到这儿上学，如果我走路，每小时走15千米；如果我跑，速度可达每小时30千米。昨天我是走着来上学，放学后跑着回家的，路上一共用了1小时。您说说，我家离这儿有多远？"

瘦猴说："你跑的速度是走的速度的2倍，因此，你上学所用的时间是回家所用时间的2倍。由此可以求出你回家用的时间是 $1 \div (1+2) = \frac{1}{3}$（小时），我这儿离你家有 $30 \times \frac{1}{3} = 10$（千米）。"

小熊问："10 千米远不远？"

瘦猴回答："嗯，10 千米可不算近了！"

小熊说："我这么小，每天要跑这么远的路来上学，您不心疼吗？"

瘦猴问："那你说怎么办？"

小熊说："如果您每天到我家去教我，该有多好！"

"美的你！"瘦猴照着小熊的屁股给了一巴掌。

数 学 动 物 园　李毓佩
数学科普文集

5. 小鼹鼠奇遇记

老虎屁股摸不得

小鼹鼠人小志气大，他想周游世界。乘飞机？坐火车？开汽车？都不行。他的前脚长有利爪，擅长在地下开道，而且他行走极快，人送外号"土行孙"，俗名"地排子"。

夜晚，小鼹鼠瞄准北极星的方向，用前爪在地面挖开一个小洞，随后钻入地下，用他的 10 个利爪开路，径直向北方奔去。也不知走了几天几夜，终于，他钻出了地面。

啊，好大的一片森林！他一转身，发现离头顶不远处有个毛茸茸的大皮垫子，皮垫子是橙黄色的，上面还有许多黑色的花纹。真好玩！小鼹鼠情不自禁地伸手去摸皮垫子，这一摸可不得了，只听"嗷"的一声，一只斑斓猛虎从地上一跃而起，吓得小鼹鼠赶忙钻入地下。

这是一只体重约 200 千克的东北虎。"'老虎屁股摸不得'，今天是哪个不怕死的家伙敢来碰我？"老虎想到这里，便用 1 米多长的尾巴左右横扫。老虎的尾巴可非同小可，据说扫到牛身上，能让牛翻一个跟头。

可是，他扫了半天什么也没扫着。"什么东西？"老虎纳闷了。

"是我，小鼹鼠。"小鼹鼠从地下伸出脑袋，"我不是故意的，我知道摸人家的屁股是非常不礼貌的，真对不起！"

几句好话，说得老虎消了点儿气。老虎说："我趴在那儿正算一道题，眼看就要算出来了，这下子让你给搅的，我又给忘了。"

小鼹鼠把上身探出地面，小心地说："请你说说看，是什么题目，也许我能帮你。"

老虎斜眼看着小鼹鼠，说："真没看出来，你这个小家伙口气还不小。好，我说说，如果你算不出来，可别怪我不客气啦！"

小鼹鼠满不在乎地说："嗨，你快说吧！"

老虎说："刚才我逮了两只野猪，一只黑的，一只花的。先吃哪只呢？我想先吃年龄大一点儿的。我问他们俩谁大，黑野猪说，他2年后的年龄是2年前的2倍；花野猪说，他3年后的年龄是3年前的3倍。你说他们俩谁大？"

小鼹鼠从洞中钻了出来，在地上边写边说："2年后加上2年前应该是4年，4年后的年龄是以前的2倍，说明黑野猪2年前是4岁，现在是6岁。"

老虎点点头说："6岁不算小啦！我可能要先吃黑野猪！花野猪呢？"

小鼹鼠说："3年后加上3年前应该是6年，6年后的年龄是以前的3倍，说明3年前他是3岁，现在是6岁。"

老虎点点头说："花野猪也是6岁，看来我要先吃花野猪。"老虎又一想，摇摇头说："嗯？不对！闹了半天，两只野猪还要一起吃！我上当啦！"

老虎一回头，小鼹鼠钻进土里跑了。

贪睡的大狗熊

"老虎可真吓人！"小鼹鼠在地下一阵紧刨，一下子又跑出去好远，估摸着可以上去看看了，于是头往上顶，可是顶不动。怎么回事？他用力顶，还是顶不动。

是块大石头？是棵大树？都不是，这个东西有弹性。啊，会不会是老虎屁股？想到这儿，小鼹鼠吓出了一身冷汗，赶紧又往土里钻了钻。

小鼹鼠冷静地想了想：不对呀！老虎是橙黄色的，还有许多黑花纹，可是我刚才见到的东西是纯黑色的呀！好奇心驱使小鼹鼠非要弄清究竟不可。他从别处钻了出来，探头仔细一看：啊，只见一只大狗熊正躺在洞里呼呼睡大觉呢。

真是一只懒狗熊！天都大亮了，他还躲在这里睡大觉，得叫他起来干点活儿。怎么叫醒他呢？不能拍屁股，老虎屁股摸不得，谁知道狗熊的屁股是否摸得？还是拍他的肩膀吧！

"啪！啪！"小鼹鼠拍着狗熊的肩膀叫道："喂，大狗熊，醒醒！"但是没有用，狗熊继续睡觉。小鼹鼠急了，抬起右脚，照着狗熊的鼻子狠狠踢了一脚。这一脚踢得太重了，狗熊睁开了双眼。

狗熊厉声问："你为什么踢我的鼻子？"

小鼹鼠反问："为什么叫你半天都不醒？"

"我在冬眠，我每年从 10 月下旬开始冬眠，要睡好几个月呢！"狗熊说完，又要闭上眼睛。

"先别闭眼！"小鼹鼠跑过去把狗熊的上下眼皮拉开，"你告诉我，你冬眠要睡几个月呀？"

狗熊慢吞吞地说："睡多少个月我可记不清了，只知道其中的 42 天是在做梦吃蜂蜜，做梦吃玉米的时间是吃蜂蜜时间的 $\frac{2}{3}$，做梦挖蚂蚁窝

　李毓佩
　　　　　　　　　　　　　　　　　　　　　　　数学科普文集

的时间是吃蜂蜜时间的 $\frac{3}{2}$。你算算，我睡了几个月？"

"好个大狗熊，想知道你睡了几个月，你还考我呀！不过，你难不倒我。"小鼹鼠趴在地上边写边说，"你做了三段和吃有关的美梦，第一段是 42 天，第二段是 42 天的 $\frac{2}{3}$，第三段是 42 天的 $\frac{3}{2}$，这三段时间加起来就是你总共冬眠的时间。"

狗熊睁开眼睛，懒懒地问："是几个月呀？"

小鼹鼠列出算式：

$$42 + 42 \times \frac{2}{3} + 42 \times \frac{3}{2} = 133 \text{（天）}$$

小鼹鼠说："每月按 30 天算，你冬眠要 4 个月零 13 天呢！你可真能睡呀！"

狗熊说："冬天找不到好吃的，多睡觉可以少吃点儿东西，还可以少消耗体能呢！"

小鼹鼠说："对不起，打扰你冬眠了，再见！"

狗熊站起来大吼一声："不能走！你把我叫醒了，我多消耗了许多能量。我必须把你吃了，才能补充得上！"说完就朝小鼹鼠扑了过去。小鼹鼠赶紧钻进土里，逃了。

白熊抓鱼

小鼹鼠钻进土里继续往北走，越往北，扒土就越困难。小鼹鼠知道北方气候寒冷，土地都冻结了，但他不怕困难，努力向前行。

好冷啊！小鼹鼠钻出地面一看，周围白茫茫一片，冰天雪地，滴水成冰。他踩着厚厚的白雪向前行，手脚都被冻麻木了。他发现前面有一个雪堆儿，便爬上去看看。

小鼹鼠爬上雪堆儿，向四周看。忽然，他脚下一动，"咕咚"一声摔了下来。怎么回事？雪堆儿"活"了？他低头一看，吓了一跳，一头又高又大的白熊站在他面前，正瞪着眼睛看他呢。

小鼹鼠赶紧解释："真对不起，我不知道你在这儿冬眠。"

"冬眠？"白熊摇晃着脑袋说，"这里是北极，是冰雪世界，我要是冬眠，怕是长睡不醒啦！"

小鼹鼠问："你不冬眠，那你刚才趴在那儿干什么呢？"

"抓鱼。这块冰上有个裂缝，我正准备抓条大鱼，让你这么一折腾，鱼都被吓跑了！"白熊满脸不高兴。

小鼹鼠眨巴着眼睛问："大白熊，你一天抓几条鱼？"

"几条鱼？你也太小看我啦！"白熊在原地转了一个圈儿，说，"我能抓到一堆大鱼和一堆小鱼。大鱼、小鱼相加整 90 条，大鱼比小鱼多 8 条。你给我算算，我能抓多少条大鱼，多少条小鱼？你若算不出来，可别怪我不客气！"

"别着急，我来给你算。"小鼹鼠连忙说，"从 90 条中减去多出来的 8 条大鱼，剩下的大鱼和小鱼一样多，所以小鱼有：$(90-8) \div 2 = 41$（条），大鱼有：$41 + 8 = 49$（条），我说大白熊，你这个问题也太简单啦！"

"你说太简单？我给你出个复杂的问题，你要是做不出来，我就把你当点心吃了！"白熊张着大嘴，呼出的热气直逼小鼹鼠，真是吓人。白熊接着说："有一天，我抓了 36 条鱼，把它们放在三个水坑里。嘿，这些鱼还真淘气，第一个坑里有 $\frac{1}{7}$ 的鱼跳到了第二个坑里；之后，第二个坑里又有 $\frac{1}{3}$ 的鱼跳到第三个坑里。最后，我仔细一数，真有趣，三个坑里的鱼数目一样多！你给我算算，第二个坑里原来有多少条鱼？"

小鼹鼠皱着眉头说："真麻烦！不过，我会算出来的。"

白熊威胁说："三分钟内你若算不出来，我就吃了你！"

小鼹鼠略沉思，便得出了答案。他不慌不忙地说："最后三个坑里

李毓佩
数学科普文集

的鱼数相等，每个坑都应有 12 条鱼。第一个坑里的鱼是跳出 $\frac{1}{7}$ 后剩 12 条，原来的鱼必然有 $12 \div (1 - \frac{1}{7}) = 12 \times \frac{7}{6} = 14$ （条）。第二个坑跳出几条鱼后还剩 12 条，未跳出前是 $12 \div (1 - \frac{1}{3}) = 12 \times \frac{3}{2} = 18$ （条），这 18 条中有 2 条是从第一个坑里跳来的，第二个坑原来有 $18 - 2 = 16$ （条）鱼。"

白熊为了验证小鼹鼠算得对不对，掰着指头算了起来。小鼹鼠利用这个机会，撒腿跑了。

智斗群狼

北极地区太冷，小鼹鼠决定南行。走着走着，他听到一阵非常悲惨的羊叫声。

"出什么事啦？"小鼹鼠决定上去看看。他小心地从土里钻了出来，只见一大群羊围成一个圆圈，羊公公站在圆圈的中央，对大家说："群狼给咱们来了一封信，信上说，他们要对咱们进行三次袭击。第一次专吃公羊，4 只狼吃掉 1 只公羊；第二次专吃母羊，3 只狼吃掉 1 只母羊；第三次是吃小羊，2 只狼分吃 1 只小羊。"

"啊？群狼是要把咱们赶尽杀绝呀！"群羊议论纷纷，十分恐慌。

"他们还说知道咱们的总数是 65。只要咱们能算出他们的总数，就同意把袭击时间推后三天。"羊公公一字一顿地说。

羊妈妈小心地问道："谁会算狼的数目？"

在场的羊你看看我，我看看你，一个个都低下了头。

羊妈妈摇了摇头，说："你们都不会算，那就只好等群狼来吃掉咱们啦！"

"咩——"小羊哭，大羊叫，乱成一片。

"我会算！"在这紧急关头，小鼹鼠挺身而出，跑进圆圈里对群羊说，"只要先算出 1 只狼要吃掉多少只羊，就可以算出有多少只狼了。"

群羊见这个从土里钻出来的小家伙会算，都围拢上来。

小鼹鼠说："2 只狼分吃 1 只小羊，每只狼吃 $\frac{1}{2}$ 只小羊；3 只狼分吃 1 只母羊，每只狼吃 $\frac{1}{3}$ 只母羊；4 只狼分吃 1 只公羊，每只狼吃 $\frac{1}{4}$ 只公羊。合在一起，每只狼吃掉 $\frac{1}{2}+\frac{1}{3}+\frac{1}{4}=\frac{13}{12}$（只）羊。再做一次除法：$65÷\frac{13}{12}=65×\frac{12}{13}=60$（只）。算出来，狼群里共有 60 只狼。"

"哎呀，有这么多只狼啊！"羊公公倒吸了一口凉气，随即镇定了一下，说，"不过，咱们算出了他们的总数，总算可以拖延三天了。"

羊公公忙派出一只羊把答案给狼群送去，然后立即和群羊商量对策。羊公公说："群狼嗜杀成性，他们肯定还要来袭击咱们，咱们得想想办法才行。"

一只健壮的大公羊摇晃着头上的大犄角，愤怒地说："不要怕这些恶狼，咱们和他们拼了，拼个你死我活！"

"肯定要和他们斗，不过要知己知彼呀！如果能知道群狼下一步干什么，我们就可以针对他们的计划采取行动。"羊公公处理事情十分谨慎。

"看我的！我去把群狼下一步的行动计划搞清楚。"小鼹鼠说完，钻进土里去了。

刺探军情

小鼹鼠离开羊群，钻进土里，朝狼群所在的方向飞奔而去。渐渐地，他听到了狼的嗥叫声，便继续破土前进，一直钻到了狼群的脚底下。他往地上钻出一个小洞，仔细听着群狼的对话。

一只狼用嘶哑的声音吼道:"不成!宽限他们三天,美死他们啦!我要求今天晚上就出击,把群羊全部吃掉!"

另一只狼的声音十分苍老,他慢吞吞地说:"你着什么急?这群羊早晚都是咱们口中的美食,咱们要学猫捉老鼠,要连玩带吃嘛!"

"哈哈!哈哈哈哈!"群狼发出一阵狂笑。

一只小狼问:"那咱们怎么逗逗这群羊?"

"咱们和他们做个游戏……只要如此这般,今天晚上就可以捉回15只肥羊,供咱们享用。"老狼刚说完自己的主意,群狼就大声叫好。不过小鼹鼠把老狼的打算听得一清二楚,赶紧跑了回去。

羊公公见小鼹鼠急匆匆地赶了回来,忙问他听到了什么。小鼹鼠把老狼的阴谋诡计一五一十地说了一遍,之后告诉老羊如何粉碎老狼的阴谋。小鼹鼠刚刚说完,就听到一阵急促的脚步声,老狼带着14只剽悍的大公狼赶来了。

老狼对群羊说:"我们对你们的袭击向后推迟三天,今天我们要和你们做个游戏。我们来了15只狼,你们出15只羊,咱们排成一个圆圈。从某一只狼或某一只羊开始顺时针数,凡是数到10的就站出来,然后再接着从1数起,当站出来的够15只时,游戏停止。"

羊公公问:"站出来的将受到怎样的惩罚呢?"

老狼奸笑着说:"站出来的如果是羊,那就只好跟我们走啦。"

羊公公又问:"如果是狼呢?"

"这个……"老狼没词儿了,这是他没有料到的。

羊公公说:"如果是狼,就让我们的公羊用犄角在他的屁股上戳两个洞!"

老狼自认必胜无疑,就奸笑了两声,答应下来。接着,双方在由谁来安排位置的问题上争执不下。最后老狼不相信羊公公会排出什么花样,便答应由羊公公来排。(这里用白点代表羊,用黑点代表狼)

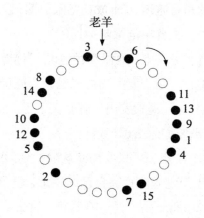

从老羊开始数，第一个下来的就是狼（图中写 1 的黑点），没等这只狼站稳，一只大公羊低着头冲了过来，照着他的屁股用力一顶，只听这只狼大叫一声，摔倒在地，屁股上出现了两个大洞。

接着往下数，第二个下来的还是狼，第三个下来的也是狼。15 个都数下来，只见 15 只狼倒在了地上，个个屁股上都有两个洞。

南北决斗

小鼹鼠告别了羊群，离开大草原，继续往南走。

走着走着，小鼹鼠听到地面上传来非常特殊的鸟叫声。他扒开一个洞，钻了出来，想看看是什么鸟在叫。

嗬，好大一片丘陵地，上面长着许多高大的树木和低矮的灌木林。"呼啦啦"，一群鸟从北边飞过来，好漂亮的大鸟！鸟的头部和颈部是黑色的，脸是红色的，身上的羽毛是深褐色的，尾巴特别长，是白色的。最引人注目的是，他们的头部两侧还长着长长的白羽毛，像倒长的白胡子。

一只小松鼠从树上滑了下来。小鼹鼠叫住他，问道："请问，这些美

数学动物园 李毓佩
数学科普文集

丽的大鸟是什么鸟呀？"

小松鼠答道："褐马鸡。小鼹鼠，你快躲开吧！一会儿他们就要在这儿决斗啦！"

小鼹鼠又问："褐马鸡和谁决斗？"

小松鼠瞪大了眼睛说："和自己呗！住在北边的一群褐马鸡与住在南边的一群褐马鸡，约好今天在这里决斗。你别看褐马鸡长得漂亮，打起架来可不要命啦！"正说着，"呼啦啦"，又一群褐马鸡从南边飞过来。南北两群褐马鸡一见面就扭作一团，或扑，或啄，或抓，再加上鸣叫声不断，好不热闹。

小鼹鼠跳出地面，爬到高处大叫："停！停止战斗！你们同是褐马鸡，为什么要自相残杀？"

北边领头的褐马鸡说："狐狸告诉我们，他有好多袋非常好吃的昆虫。他准备把我们北边的褐马鸡分成 3 组，把南边的褐马鸡也分成 3 组，一共 6 组。"

小鼹鼠有点儿糊涂，问："分 6 组干什么？"

褐马鸡接着说："狐狸准备先给第一组 1 袋，然后再把剩下的 $\frac{1}{7}$ 分给第一组；接着给第二组 2 袋，再把剩下的 $\frac{1}{7}$ 分给第二组；给第三组 3 袋，再把剩下的 $\frac{1}{7}$ 给第三组。最后把剩下的若干袋昆虫平均分成 3 份，给第四、第五、第六组，最后这六个组分得的昆虫一样多。"

小鼹鼠说："既然大家都一样多，你们就吃了算啦，打什么架？"

褐马鸡拍拍翅膀说："不成呀！狐狸说，必须算出他有多少袋昆虫，才分给我们吃；如果算不出来，南北两边的褐马鸡必须进行一场决斗，谁胜了他就把昆虫给谁吃。可是我们都算不出来，只好打一架啦！"

"我来算。"小鼹鼠说，"狐狸非常小气，他的昆虫不会超过 50 袋。既然总袋数能平均分给 6 个组，这个数一定能被 6 整除。12、18、24、

30 都不成，因为减去 1 后都不能被 7 整除。只有 36 可以，(36−1)÷7＝5，共给第一组 6 袋。(36−6−2)÷7＝4，4＋2＝6，所以一共是 36 袋。"

褐马鸡们都高兴地飞了起来，欢呼："算出来喽！一共 36 袋，找狐狸要昆虫去！"

找狐狸去

小鼹鼠算出来了，狐狸应该有 36 袋好吃的昆虫。南北两群褐马鸡停战言和，"呼啦啦"的一同飞去找狐狸算账。

小鼹鼠心想：狐狸可是诡计多端，褐马鸡会不会上狐狸的当？不成，我要跟着去看看！想到这儿，小鼹鼠一头钻进土里，朝褐马鸡飞的方向前进。

走了一段路，小鼹鼠听到地面上有吵闹声。他钻出地面，只见一大群褐马鸡正围着狐狸叽叽喳喳吵个不停，要昆虫吃呢。

狐狸哭丧着脸说："不得了呀！昨天晚上来了许多强盗，还有一大群狗，他们把 36 袋昆虫全抢去了。"

褐马鸡们问："来了多少强盗，多少条狗？"

"哎呀，可不少呀！"狐狸眼珠一转，说出一段顺口溜：

> 一队强盗一队狗，二队并作一队走，
>
> 数头一共三百六，数腿一共八百九，
>
> 你说有多少强盗多少狗？

"这……"褐马鸡数学不好，听狐狸这么一说，都愣住了。

"哧——"狐狸冷笑了一声，小声说，"我知道你们算不出来！"

"他们不会，还有我呢！"小鼹鼠出面了，不慌不忙地说，"假设这三百六都是狗，应该有 360×4＝1440（条）腿，现在只有 890 条腿，说明这里面有许多两条腿的强盗。1440－890＝550（条）是多出来的腿，一个强盗两条腿，硬被算成四条腿了。550÷2＝275，说明有 275 个强盗。最后 360－275＝85，有 85 条狗。"

狐狸看了看小鼹鼠，说："你个头不高，管事不少。你能给列个完整的算式吗？"

"行！"小鼹鼠趴在地上飞快地写出一个算式：

$$(360 \times 4 - 890) \div (4 - 2) = 275 \text{（个）}$$

$$360 - 275 = 85 \text{（条）}$$

狐狸点点头说："对啦！"

小鼹鼠追问："你说的两条腿强盗到底是什么？"

"强盗嘛……"狐狸的眼珠乱转，"是狗熊，不对，狗熊是四条腿；是老虎，不对，老虎不吃昆虫。那强盗到底是谁呢？是秃鼻乌鸦，对，是秃鼻乌鸦！秃鼻乌鸦是两条腿。"

褐马鸡们听说乌鸦抢走了好吃的昆虫，群情激愤，吵着要去找乌鸦算账。

小鼹鼠赶紧拦住褐马鸡，说："大家可别上当。你们想想，这周围能有 275 只乌鸦、85 条狗吗？"

褐马鸡们纷纷点头说："是太多了点儿。"他们转头问狐狸："哪来的那么多乌鸦，那么多狗？"

"这……"狡猾的狐狸无言以对。

豹子守山

狐狸的谎言被小鼹鼠当众揭穿，褐马鸡们非常生气。一只高大的褐马鸡指着狐狸的脑门儿问："你到底有没有好吃的昆虫？"

狐狸哭丧着脸说："我狐狸哪里会捉昆虫啊？我是骗你们双方打

架……"

褐马鸡们急忙问："我们打架对你有什么好处？"

"这个……"狐狸眼珠乱转，欲言又止。

众褐马鸡齐声大叫："快说！"

"我说，我说。"狐狸低着头小声说，"我特别想吃褐马鸡的肉，褐马鸡长得那么漂亮，肉一定也特别好吃。可是我又怕打不过褐马鸡，因此骗你们自相残杀，我好坐收渔翁之利。"

"啄！啄！啄死这只狡猾的狐狸！"褐马鸡们一拥而上，连啄带咬，一会儿工夫，狐狸就没气了。

小鼹鼠告别了褐马鸡，继续往南走。走着走着，他听到地面上有哭泣的声音。怎么回事？小鼹鼠扒开土层钻了出来，只见一大一小两只熊猫瘫坐在地上。

熊猫娃娃有气无力地说："妈妈，我饿。你带我去南山吃竹子，好吗？"

熊猫妈妈说："孩子，南山有豹子，咱们可要多留神哪！"说完便带着熊猫娃娃向南山走去。

小鼹鼠心想：熊猫可是国宝，万万不能让豹子伤着，我跟在后面保护她们吧。

走了好一阵，小鼹鼠来到了南山脚下。北山的竹子不知为什么一片片枯死了，而南山的竹子却郁郁葱葱。熊猫娃娃高兴地拽着妈妈往山上跑。

突然，一只金钱豹蹿了出来，大吼一声："站住！此山由我占，此林是我栽，上山只有一条路，从我这张纸中钻进来。"说完，金钱豹拿出一张和报纸一样大小的纸，要熊猫从纸中间钻过去。

熊猫妈妈看了看这张长方形的纸，对熊猫娃娃说："孩子，咱们回去吧！咱们俩再瘦也钻不过这么小一张纸呀！"

小鼹鼠赶忙出来阻拦说："熊猫妈妈，别走啊！我有办法让你们钻过去。"他从地上捡起一个竹片，先用竹片把纸划开（见右图中实线部分），这张纸变成一根长纸条儿；再在长纸条中间划开一道缝儿 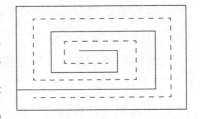（画虚线部分，注意不要画到头，否则不成封闭的圈了），沿缝把纸拉开，出现了一个很大的圈，熊猫妈妈领着熊猫娃娃轻而易举地钻了过去。

金钱豹双眼圆瞪，大叫一声："气死我啦！"

熊猫吃竹

金钱豹见熊猫母子俩穿过纸圈上了南山，大口吃着嫩竹子，便将一腔怒火全部发泄到了小鼹鼠身上。

金钱豹大吼一声："哪儿来的多管闲事的小蟊贼？看你往哪儿走！"说着，饿虎扑食般扑向小鼹鼠。小鼹鼠往旁边一闪，"哧溜"一下钻进土里。金钱豹正在气头上，哪里肯罢休？他双爪用力刨土，想把小鼹鼠从土里挖出来，但小鼹鼠在土里特别灵活，金钱豹根本就找不到小鼹鼠。

小鼹鼠扒开一个小洞，伸出头来冲金钱豹"嘿嘿"一笑："傻豹子，想抓住我'土行孙'当早餐，没那么容易！"

"谁傻？你才傻呢！"金钱豹又要发怒。

"你不傻？我出道题考考你。"小鼹鼠想了想，说，"北山有熊猫妈妈和熊猫娃娃一共 12 只，其中熊猫娃娃占 $\frac{1}{3}$；后来又有几只熊猫娃娃出生，使得熊猫娃娃占的比例变成了 $\frac{3}{7}$。我问你，北山有几只熊猫妈妈，有几只熊猫娃娃？"

听了小鼹鼠的题目，金钱豹吃惊地说："啊？北山还有那么多的熊猫！他们都要到南山来吃竹子？我要仔细算算有多少只。"可是金钱豹在地上乱画了一阵，没有得出答案。

金钱豹问小鼹鼠："你会算吗？我怎么算不出来呀？"

"当然会算。不过——"小鼹鼠两只眼睛一转，说，"我要是算出来，你必须答应让这些熊猫到南山吃竹子，我们不能眼看着这些熊猫饿死呀！"

"行！"金钱豹不情愿地点了点头。

小鼹鼠说："熊猫妈妈和熊猫娃娃一共 12 只，熊猫娃娃占 $\frac{1}{3}$，熊猫娃娃就应该有 $12 \times \frac{1}{3} = 4$（只）。设后出生的熊猫娃娃为 x 只，这时熊猫娃娃就变成了 $(x+4)$ 只，而熊猫总数变成 $(x+12)$ 只。熊猫娃娃占 $\frac{3}{7}$，可列方程：

$$x+4 = \frac{3}{7}(x+12)$$
$$7x+28 = 3x+36$$
$$x=2$$

"新出生的熊猫娃娃有 2 只。北山上有 6 只熊猫娃娃，8 只熊猫妈妈。不多！"

金钱豹微闭着双眼说："已经来了 2 只了，还有 12 只，让他们来吃竹子吧！"

小鼹鼠非常高兴，爬到高处对着北山方向大喊："南山上有嫩竹子，北山的熊猫快来吃竹子吧！"听到小鼹鼠的呼唤，北山的熊猫纷纷奔到南山，饱餐一顿。

金钱豹把眼睛睁开一道缝儿，说："熊猫都吃饱了，可是我还饿着呢！"

小鼹鼠摇着小脑袋问："你想吃什么？"

金钱豹忽然睁大眼睛叫道："我想吃你！"

蟒鳄之战

金钱豹答应北山的熊猫可以来南山吃竹子，可是他要吃掉小鼹鼠。小鼹鼠往金钱豹的身后一指，叫道："不好，老虎来了！"

"老虎在哪儿？"趁金钱豹回头看的一刹那，小鼹鼠"哧溜"一声钻进土里跑了。

小鼹鼠在土里继续南行。走了好长一段路后，他想钻出来看一看，却在出土时顶到了硬硬的东西。他换了个地方钻出来一看，天哪，原来是一条尾巴特别长的大鳄鱼！

鳄鱼两眼盯住小鼹鼠，生气地问："你为什么顶我的肚子？"

"我不是故意顶你的肚子。我在土里走累了，想钻出来歇会儿。"小鼹鼠慢慢地从土里钻了出来，围着鳄鱼转了一圈儿，摇摇头说，"你的尾巴是不是长得不对劲啊？怎么这么长？"

鳄鱼说："你是少见多怪，我是人类培育出来的名贵品种——长尾鳄鱼，尾巴特别长，特别好看！不信你看。"

说完他就摆动大尾巴，打在地上"啪啪"作响，吓得小鼹鼠一连向后翻了好几个跟斗。

"哈哈，你跑什么？我只不过让你见识见识我美丽的长尾巴。"接着鳄鱼提了一个问题，"我的尾巴的长度是头的 3 倍，而身子只有尾巴的一半长，身子和尾巴加在一起有 13.5 米，你知道我的尾巴有多长吗？从头到尾又有多长？"

"让我想想。"小鼹鼠拍着小脑瓜说，"你尾巴的长度是头的 3 倍，而身子的长度只有尾巴长度的一半，我把你头的长度算作 1 份，记作 1，那么尾巴就是 3，而身子就是 $\frac{3}{2}$，这样一来，你的总长就应该是 $1+\frac{3}{2}+3=5\frac{1}{2}$，尾巴占其中的 3 份，因此：尾巴长度 $=13.5\div5\frac{1}{2}\times3=$

$\frac{27}{2} \times \frac{2}{11} \times 3 = \frac{81}{11} = 7\frac{4}{11}$（米）。算出来了，你尾巴的长度是 $7\frac{4}{11}$ 米。"

"嗯？我的尾巴只有 7 米多长？"鳄鱼瞪着大眼睛，慢慢向小鼹鼠爬来。

"不，不。我再算算。"小鼹鼠又仔细想了想，忽然明白过来了，笑笑说，"我逗你玩哪！这 13.5 米只是身子和尾巴的长度，不包括头。你的尾巴肯定比 7 米长。"说完，他又列了一个算式：

$$尾巴长度 = 13.5 \div 4\frac{1}{2} \times 3 = \frac{27}{2} \times \frac{2}{9} \times 3 = 9 \ （米）$$

$$总长 = 13.5 + \frac{9}{3} = 16.5 \ （米）$$

突然，一条大蟒从密林中蹿出来，直接蹿向长尾鳄鱼，鳄鱼也不甘示弱，张开血盆大口迎了上去。可鳄鱼一口咬空，大蟒立刻缠住鳄鱼，一连绕了好几个圈。鳄鱼想回头咬大蟒，可是够不着，而大蟒越缠越紧，鳄鱼有些支撑不住了。

小鼹鼠在一旁着了急，对大蟒说："喂，你不能把他缠死。这是一条非常名贵的长尾鳄鱼，世界上仅有这一条！"

"名贵的动物都是聪明的，这条鳄鱼聪明吗？"大蟒说着，把头抬了起来。

"谁说……我不……聪明？不信……考考我！"鳄鱼被缠得喘不过气来。

"好，我就来考考你。"大蟒左右晃了晃脑袋，说，"前天，我见到一条强有力的黑蛇，他以 $\frac{5}{14}$ 天爬行 $7\frac{1}{2}$ 米的速度爬进一个洞，我一量他的身长，嗬，有 80 米长！最不可思议的是：这条黑蛇一边往洞里爬，尾巴还不断向后长，他尾巴生长的速度是 $\frac{1}{4}$ 天长 $2\frac{3}{4}$ 米。喂，名贵的鳄鱼，你告诉我，这条黑蛇需要多少天才能全部爬进洞里？"

"这个……"鳄鱼显然不会算，歪头看着小鼹鼠。

数学动物园 李毓佩
数学科普文集

小鼹鼠必须帮鳄鱼一把。他说："我先求出黑蛇爬行的速度和尾巴生长的速度：

$$黑蛇爬行速度 = 7\frac{1}{2} \div \frac{5}{14} = \frac{15}{2} \times \frac{14}{5} = 21 （米/天）$$

$$尾巴生长速度 = 2\frac{3}{4} \div \frac{1}{4} = \frac{11}{4} \times 4 = 11 （米/天）$$

$$两者的速度差 = 21 - 11 = 10 （米/天）$$

$$全部进洞的时间 = 80 \div 10 = 8 （天）$$

"好了，这条黑蛇需 8 天才能全部爬进洞里。"

"嗯，我问的是鳄鱼，怎么是你小鼹鼠来回答？"大蟒十分不满。

小鼹鼠小声对鳄鱼说："你赶快重复一遍。"

鳄鱼赶紧重复说道："需要 8 天。"

大蟒说："8 天爬进多少？要说 8 天全部爬进才对！"说完，大蟒松开了鳄鱼，向树林爬去。大蟒边爬边说："鳄鱼那么蠢，他的肉肯定不好吃。我还是去吃鲜嫩可口的老鼠肉吧！"

鳄鱼松了一口气，说："谢谢你救了我一命！"他一回头，小鼹鼠却早已不见了。

小猴子的难题

小鼹鼠钻出地面，来到一片大森林，看见一只小猴子围着一大堆苹果抓耳挠腮，一副犯愁的样子。

小鼹鼠想：有这么多好吃的，小猴子还愁什么呀？他向前走了几步，问："喂，小猴子，是不是苹果太多，吃不完犯难哪？我帮你吃点儿，怎么样？"

小猴子不耐烦地说："我都愁死啦，你还拿我寻开心！"

小鼹鼠乐于助人，说："有什么困难？我来帮你！"

小猴子摇着脑袋说："真是开玩笑！世界上最笨的老鼠想帮助世界上最聪明的猴子，这不叫人笑掉大牙吗？"

小猴子的冷嘲热讽并没有让小鼹鼠生气。小鼹鼠说："我想，勤于学习的小鼹鼠，比不学习的猴子要能干得多！"

"你说话的口气还真不小！我说出来，你解决不了怎么办？"

小鼹鼠说："你说怎么办就怎么办！"

小猴子嬉皮笑脸地说："我也不难为你，只在你脑袋上浇一泡猴尿，行吗？"说完，小猴子笑得满地打滚儿。

小鼹鼠心里很生气，可是脸上并没表现出来，他说："好！我答应，你快说吧！"

"我们一家四口，有猴爸、猴妈、猴姐和我。"小猴子掰着指头边数边说，"今天我们全家摘了100个苹果，猴爸嫌我平日不爱动脑筋，让我分苹果。"

"怎么个分法？"

"猴爸故意刁难我，让我把100个苹果分成四份。第一份苹果数加上4，第二份苹果数减去4，第三份苹果数乘以4，第四份苹果数除以4，四个得数必须相等。这叫我怎么分呢？"

"像你这样狂妄的小猴子，就该为难为难你！其实这个问题一点儿也不难解决。"

小猴子满脸堆笑地说："好老鼠，亲老鼠，快帮我把四堆苹果数算出来。不然的话，猴爸该打我屁股啦！"

小鼹鼠一本正经地说："请不要叫我老鼠，我叫鼹鼠。解决这个问题要使用'倒推法'，就是从最后结果往前推，最后结果是四个得数相等。设四个得数同为 x，第一份苹果数就是 $x-4$，第二份苹果数是 $x+4$，第三份苹果数是 $\frac{x}{4}$，第四份苹果数是 $4x$。"

数学动物园　李毓佩
数学科普文集

"我明白啦！倒推法就是：原来是加你就减，原来是减你就加，原来是乘你就除，原来是除你就乘。"小猴子说得有点儿像顺口溜。

小鼹鼠边说边写："这四个数相加等于 100，可列出方程式：

$$(x-4)+(x+4)+\frac{x}{4}+4x=100$$

$$\frac{25}{4}x=100$$

$$x=16$$

所以有：

$$16-4=12 \ （个）; \ 16+4=20 \ （个）$$

$$\frac{16}{4}=4 \ （个）; \ 4\times16=64 \ （个）$$

第一堆苹果是 12 个；第二堆苹果是 20 个；第三堆最少，是 4 个；第四堆最多，是 64 个。"

突然，小猴子对小鼹鼠说："猴爸回来了，你赶紧躲一躲。我把这四堆苹果分完。"小鼹鼠"哧溜"一声钻进土里。

猴爸把四堆苹果数了一遍，高兴地说："不错，大有长进！我把最多的一堆苹果奖给你。你可不要骄傲啊！"

猴爸这么一夸，小猴子反而不好意思了。他低着头喃喃地说："其实这不是我算出来的，是小鼹鼠帮我算的。"

猴爸问："哦，小鼹鼠在哪儿？"可小鼹鼠早就不见啦。

狐狸的诡计

小鼹鼠在土中行走，忽然听到上面有吵闹声，于是钻出地面一看，只见兔子、松鼠、刺猬正围着一大堆草莓在争吵。兔子说："这 110 个草莓是咱们三个采的，可是我采得最多，刺猬采得最少。"

刺猬说："我提个建议：兔子分得的草莓数量是松鼠的 2 倍，而松鼠比我多分 10 个。"兔子和松鼠同意刺猬的分法,可是该怎样分,谁也不会。你说一种分法不成,我说一种分法不对,三只小动物吵得一团糟。

"哈哈……"突然传来一阵怪笑。大家循声望去,只见一只狐狸从密林深处跑了出来。狐狸笑嘻嘻地说:"这好办,我来替你们分。假设兔子分得 1……"

兔子急忙问:"怎么?我只分得 1 个草莓?"

狐狸摇摇头说:"不,不。我是说把你分得的草莓数当作 1 份,这样才好算。"

松鼠跑过来问:"我分了多少?"

狐狸说:"兔子分得的草莓数是你的 2 倍,兔子得 1,你是 $\frac{1}{2}$ 呀!"

刺猬刚要问,狐狸抢先说:"你比松鼠少 10 个,如果给你增加 10 个,你也恰好分得 $\frac{1}{2}$。"

狐狸在地上边写边说:"我先求出兔子分得的草莓数:$(110+10) \div (1+\frac{1}{2}+\frac{1}{2}) = 120 \div 2 = 60$(个)。所以,松鼠分得 $60 \times \frac{1}{2} = 30$(个),刺猬分得 $30-10 = 20$(个)。"

三只动物分完草莓,发现一点儿也不差,为了感谢狐狸,每只动物拿出 10 个草莓送给狐狸。狐狸取得了他们的信任。小鼹鼠在一旁暗暗点头,心想:这只狐狸还真不错。

过了一会儿,刺猬背回来 1 千克饼,兔子又请狐狸帮忙分一下,答应也分给狐狸一份。

狐狸看了看饼,用舌头舔了一下嘴唇,说:"我们一共是 4 个,我少分一点儿吧!先分给我 $\frac{1}{5}$,兔子从我分剩下的饼中分 $\frac{1}{4}$,松鼠从兔子分剩的饼中分 $\frac{1}{4}$,刺猬再从松鼠分剩下的饼中分 $\frac{1}{3}$,最后剩下的一点点给我。这样分怎么样？"大家都觉得狐狸分得最少，就同意了。

狐狸开始分饼：他自己先分 $\frac{1}{5}$ 就是 0.2 千克，剩下 $1-0.2=0.8$（千克）；兔子分 $0.8\times\frac{1}{4}=0.2$（千克），剩下 $0.8-0.2=0.6$（千克）；松鼠分 $0.6\times\frac{1}{4}=0.15$（千克），剩下 $0.6-0.15=0.45$（千克）；刺猬分 $0.45\times\frac{1}{3}=0.15$（千克），剩下 $0.45-0.15=0.3$（千克）。

狐狸一共分得 $0.2+0.3=0.5$（千克）饼。哇，一半的饼被狐狸分走了！

狐狸拿起饼刚想走，被小鼹鼠拦住了。小鼹鼠说："想骗饼吃，没门儿！快把饼放下！"

解救小鸡

狐狸笑嘻嘻地说："我拿走这些饼不是我自己吃，而是要喂小鸡。这些小鸡好可怜哟！从小离开母亲，没吃没喝，一个个饿得只剩皮包骨！"说着挤出几滴眼泪。

兔子问："你养了多少只小鸡呀？"

狐狸眼珠一转，说："我养了三群小鸡。昨天我找来一堆花生，想分给他们吃。如果把这些花生都分给第一群小鸡，每只小鸡可分得 12 粒；如果都分给第二群，每只小鸡可分得 15 粒；如果都分给第三群，每只小鸡可分得 20 粒。我想把这些花生平均分给这三群小鸡，谁能帮我算算，每只小鸡可得几粒花生？算出答案，你们也就知道我养了多少只小鸡了。"

兔子看看松鼠，松鼠看看刺猬，刺猬看看兔子，谁也不会算。狐狸得意地笑了笑，说："既然算不出来，我就回家喂小鸡去了。"

"慢着！"小鼹鼠说，"花生数不知道，小鸡数也不知道，不过，你难不住我。由于花生数可被 12、15、20 整除，因此花生数必然是这三个数的公倍数。最小公倍数是 60。"

狐狸摇摇头说:"你求出 60 又有什么用?"

小鼹鼠没理他,继续算:"设花生数为 $60x$。第一群小鸡有 $60x \div 12 = 5x$(只);第二群小鸡有 $60x \div 15 = 4x$(只);第三群小鸡有 $60x \div 20 = 3x$(只);小鸡总数是 $5x + 4x + 3x = 12x$(只)。求出每只小鸡分得 $60x \div 12x = 5$(粒)。"

"5 粒,差不多。"狐狸眼珠向上一翻,问,"那么,你说我养了多少只小鸡呢?"

小鼹鼠说:"从你的问题中不能肯定有多少只,但是,它一定是 12 的倍数,或是 12 只,或是 24 只,或是 36 只……"

兔子小声对小鼹鼠说:"狐狸说话没谱儿,咱们亲自去看看。"

"看看? 好! 我带你们去。"狐狸答应得挺痛快。大家跟着狐狸在密林里转了几圈,看见三个大木笼子,里面关着许多小鸡。小鼹鼠数了一下,总共 24 只,小鸡长得都挺胖。小鼹鼠问:"可爱的小鸡,狐狸对你们怎么样啊?"

小鸡说:"每天给我们好吃好喝的,就是不让我们出去玩。"

狐狸解释说:"不让他们出去,是怕他们跑丢了!"

"不对!"小鼹鼠倒吸一口凉气,问小鸡,"你们原来就是 24 只吗?"

小鸡异口同声地回答:"不是,原来有 36 只,后来每天少 2 只,过了 6 天就剩下 24 只了。"

小鼹鼠揪住狐狸的尾巴,厉声问道:"那 12 只小鸡哪里去了?"

"这,这……"狐狸卡壳了。

小鼹鼠大声说:"狐狸喂养小鸡的目的是供他吃! 他一天吃 2 只小鸡,再过 12 天,这些小鸡将被他全部吃光!"

"打死这个坏蛋!""打死坏狐狸!"兔子咬,松鼠掐,刺猬扎,把狐狸打倒在地。小鼹鼠打开木笼子,把小鸡都放了出来。

狮象之争

　　小鼹鼠离开小鸡，钻进土里继续往南行，他走着走着，听到地面上有很重的咚咚声。"这是什么声音？"小鼹鼠好奇地钻出地面，四处张望，见一只巨大的脚向他走来，小鼹鼠吓得赶紧钻回洞里。等咚咚声停止后，小鼹鼠才再一次钻出来。他定睛一看，原来是一群大象，领头的是一头高大威武、长着一对巨牙的公象。公象围着象群不断地巡逻，保护着象群的安全。

　　突然，"嗷"的一声，草丛中钻出四只狮子，他们死死盯着象群中的一头小象，小象吓得直往母象肚子下钻。公象发怒了，高高地扬起鼻子，吼叫着向狮子们冲去。狮子虽号称"兽中之王"，但在发怒的大象面前竟也退避三舍。逃的逃，追的追，狮子和大象展开了"游击战"。

　　想吃掉小象？不成，我要帮助大象击退狮子。怎么办？小鼹鼠在原地左转三圈，右转三圈，有了！小鼹鼠爬上一个土堆，大声叫道："停战！停战！"

　　这个时候，狮子们已经斗红了眼。一只公狮恶狠狠地说："为什么要停战？一会儿小象就要被我们分着吃掉了，你捣什么乱！"说完就向小鼹鼠扑去，小鼹鼠吓得赶紧往土里钻。但转眼间，小鼹鼠又从狮子的背后钻了出来。"我让你们停战，是为你们狮子好。"小鼹鼠沉着地说。

　　公狮见小鼹鼠来无影去无踪，心想：这小家伙可不简单，也许他说得有道理。公狮问："怎么会是为我们好？你要是说不出道理，我先把你吃了！"

　　"我问你，你们来了几只狮子？"

　　"四只呀！"

　　小鼹鼠点点头，又问："一只狮子能对付几头大象？"

　　狮子说："顶多对付一头。"

小鼹鼠一跺脚，厉声问道："你知道这群象有多少头？"

狮子摇了摇头。

小鼹鼠瞪大眼睛说："有一次，这群大象外出游玩，走到第一个地方，有 $\frac{1}{3}$ 的大象去游水；走到第二个地方，余下的大象中又有 $\frac{1}{4}$ 去采果；走到第三个地方，余下的大象中有 $\frac{1}{5}$ 去练长跑。领头的公象数了一下，共有 24 头大象出去了。你算算，总共有多少头大象？"

狮子说："我只会扑食，哪里会算术啊？求你帮忙算算。"

"成。"小鼹鼠用前爪在地上边写边说，"可以设大象的总数为 1，第一个地方走了 $\frac{1}{3}$ 的大象去游水；第二个地方走了 $(1-\frac{1}{3})\times\frac{1}{4}=\frac{1}{6}$；第三个地方走了 $(1-\frac{1}{3}-\frac{1}{6})\times\frac{1}{4}=\frac{1}{10}$，走了的大象占大象总数的 $\frac{1}{3}+\frac{1}{6}+\frac{1}{10}=\frac{3}{5}$；因此，大象总数为 $24\div\frac{3}{5}=24\times\frac{5}{3}=40$（头）。"

"啊，有 40 头大象呢！咱们四只狮子哪里是对手？快跑吧！"说完，四只狮子落荒而逃。

数学动物园　李毓佩
数学科普文集

6. 智斗群兽

夜探狗熊寨

一大早，小鹿和山羊就去找小猴。

山羊说："小猴，一群大狗熊在森林的东边建起了一个狗熊寨。"

小鹿接着说："他们霸占一方，谁也不许经过。"

小猴听完之后，"噌噌"两下就蹿上树梢，手搭凉棚往东边看了看，说："狗熊寨是由大木头建造的，非常结实。门口还有狗熊守卫，看守得挺严。"

小鹿着急地问："那怎么办？"

小猴想了想说："白天恐怕进不去。我要来个夜探狗熊寨，看看里面有什么花样！"

黑夜，森林里不断传出猫头鹰的叫声。一条黑影"噌"的一声，蹿到了狗熊寨的门口。不用问，这是小猴探寨来了。

小猴设法打开了寨门。他发现里面的房子还真多，一间大房子还亮着灯，小猴决定先去那间大房子看看。

小猴溜到大房子跟前，扒着窗户往里看。看见熊寨主正在给几只狗熊布置任务。

熊寨主说："我们要独霸整个大森林！"几个狗熊摩拳擦掌，应和着说："对！独霸大森林！"

熊寨主指着一只狗熊说："二狗熊，明天你去向森林里的每一只动物收取保护费。谁敢不给，你就打！你就抢！"

听到这儿，小猴非常生气。他随口说道："简直是一帮强盗！"尽管小猴说的声音很小，还是被二狗熊听见了。

二狗熊一指窗外，叫道："外面有人偷听！"

熊寨主说："什么人如此大胆！大家出去把他给我抓回来！"

几只狗熊"嗷——"的一声狂叫，立刻冲了出去。小猴哪敢怠慢，撒腿就跑。

"你哪里跑？""快追！"狗熊追了上来。

小猴正往前跑，只觉得脚下一软，"扑通"一声就掉进了陷阱里。

"哈哈，看你还往哪儿跑！"二狗熊说，"咱们先去睡觉，明天一早再来抓他！"

小猴想：我不能在陷阱里等死啊！我要看看有什么出路没有？这时，月亮升起来了。他借助月光仔细查找周围的一切，突然，在陷阱的底部有一个圆形的大盘子。大盘子的边上有 13 个电钮，其中有一个大电钮。小猴趴在大盘子上仔细察看，发现上面有字：

从大电钮开始，大电钮算 0，顺时针方向数电钮，数到100000 时，按动那个电钮，你将得救！

"我的妈呀！要数到十万次。"小猴摇摇头说："数完了，天也亮了，我也跑不了啦！要想点好办法。"

小猴边想边绕着大盘子转圈。小猴自言自语地说："我转一圈，数了

13 个电钮；我再转一圈，就数了两个 13 个电钮……对于要找的电钮来说，我这些整数圈都是白转！"

小猴双手一拍，说："我看看在这十万次中，我一共白转了多少圈？做了除法就可以知道。"说完就写出：

$$100000 \div 13 = 7692 \cdots\cdots 4$$

"哈哈！"小猴高兴地说，"我要真的一个一个地去数，就白数了7692 圈！实际上，我从大电钮开始，往下数 4 个电钮就是要找的电钮。"他很快就找到了那个电钮。他按了一下这个电钮，大盘子慢慢地向上升起，不一会儿就把小猴托出了陷阱。

小猴"噌"的一声跳了出去。他想，天一亮，二狗熊就要收保护费了，他得赶紧通知森林里的动物们，让他们做好准备。想到这儿，小猴一溜烟跑出了狗熊寨。

天亮了，二狗熊急急忙忙向熊寨主报告："不好啦！昨晚掉进陷阱中的那个奸细跑了！"

熊寨主吃惊地叫道："啊，这还了得！"

二探狗熊寨

天亮了，二狗熊来到老山羊家。

二狗熊说："喂，老山羊，为了保护你的安全，你每月要交 200 元的保护费！"

老山羊双手背在后面，慢腾腾地迈着方步，不紧不慢地说："我不需要保护，我也不交什么保护费！"

二狗熊两眼一瞪，叫道："反了你了！老山羊！看我怎样收拾你！"说完就要动武。

"你敢动武！"随着一声呐喊，小鹿、小兔手拿武器冲了进来。老山

数学动物园 李毓佩
数学科普文集

羊也从背后拿出了大木棒。

二狗熊一看这阵势，知道打起来自己一定吃亏。他恶狠狠地说："好！你们等着，我去告诉熊寨主去！"说完转身就跑。

"哈哈，二狗熊跑喽！"小兔、小鹿和老山羊都高兴极了。

"嗖"的一声，小猴跳了进来。小猴对大家说："大家还不能高兴得太早，熊寨主决不会善罢甘休的。"

小兔紧张地问："那怎么办？"

小猴小声地对大家说："咱们要这样，这样……"大家都点头说好。

小猴拉了一车野果子来到了狗熊寨。

守门的狗熊问："猴子，你来干什么？"

小猴说："我是主动来交保护费的。"守门的狗熊带着小猴去见熊寨主。

熊寨主看了看车上的野果子，点点头说："嗯，小猴子，你主动来交保护费，说明你很聪明。不过，你交来的都是一些野果子，不好吃呀！"

小猴解释说："好吃的都在野果子下面呢！"

熊寨主高兴地说："快拿出来看看！"

小猴一摆手："慢着！你先告诉我，狗熊寨有多少只狗熊。我先把好吃的给你们分好了，免得狗熊们由于分配不均打架。"

"嗯……"熊寨主犹豫了一下说，"这可是个秘密！"

小猴晃了晃脑袋说："不告诉我人数，我可分不了。到时候狗熊们打起来，我可不负责任。"

熊寨主想了想，说："这样吧！我出一道题，你来算一下。狗熊数就在答案里。"

小猴点点头说："你出吧！"

熊寨主说："有一次我们狗熊寨的全体成员和狼、虎、豹、狐狸在一起开大会，总人数不超过 300。知道狼占 $\frac{1}{3}$，虎占 $\frac{1}{4}$，豹占 $\frac{1}{6}$，狐狸占 $\frac{1}{8}$。你算算我们狗熊一共有多少只啊？"

小猴算了一下说："你们狗熊有 36 只。"

熊寨主点头说："真让你蒙对了！"

一箱大马蜂

熊寨主对小猴说："你知道一共有多少只狗熊了，快把好吃的拿出来吧！"

小猴笑了笑说："莫着急！"说完从车子下面端出一个大箱子。

小猴说："来啦！这一箱子是好吃的。"

二狗熊擦着嘴角流下来的口水，说："我好像闻到香味了！"

"请吃吧！"小猴打开大箱子，一大群野蜂"嗡"的一声从箱子里飞了出来，围着狗熊就蛰。

二狗熊捂着脑袋，大叫："疼死我啦！救命！"

熊寨主边跑边叫："快跑吧！咱们上了小猴的当了！"

小猴站在房顶上，高兴得又蹦又跳："使劲蛰！使劲蛰！蛰死这些称王称霸的大狗熊！"

突然，房顶裂开了一个大口子，小猴"扑通"一声掉进去。很快，大口子又自动合上了。小猴在屋里转了一个圈儿，想看看哪儿能出去。他发现，屋里的窗都关得严严的，哪个也拉不开。

小猴一屁股坐在地上，说："看来我是出不去了！"

这时，一只小蜜蜂从门缝钻了进来，围着小猴"嗡嗡"乱转。小猴对小蜜蜂说："你围着人家乱转，烦不烦哪！"

小蜜蜂停了下来，说："烦？我比你还烦呢！蜂王让我酿造 1 千克蜂蜜，我到现在也不知道应该采多少花蜜？"

"这样吧！"小猴对小蜜蜂说，"我帮你算出应该采多少花蜜，你想办法把我救出这间屋子。"

"一言为定！"小蜜蜂高兴地围着小猴飞了一圈儿。他说："我采的花蜜含有70%的水分，而蜂蜜只含有17%的水分。蜂王让我酿造1千克的蜂蜜，我应该采多少花蜜？"

小猴说："1千克的蜂蜜中，含有170克水和830克纯蜜，而1千克花蜜中只含30%的纯蜜。所以830÷30%≈2.77（千克），你需要采2.77千克的花蜜。"

"谢谢你！你等着，我去找人来救你！"说完小蜜蜂又钻了出去。

没过一会儿，老山羊、小鹿、小兔拿着工具赶来了。他们砸开门，把小猴救了出来。

小猴问："狗熊呢？"

老山羊说："狗熊都让野蜂蜇跑了，我们也把狗熊寨给拆了。"

小猴高兴地说："拆得好！"

勇闯"鬼狐阵"

天一亮，森林里就传出老白兔和老山鸡的哭声。

老白兔哭着对大家说："昨天晚上小白兔没有回家。"

老山鸡抹着眼泪说："我的小山鸡丢了两天啦！"

老山羊站出来，对大家说："听说狐狸在西边设了一个'鬼狐阵'，谁不小心走了进去，就别想出来！"

小猴在一旁说："有这么厉害？明天我一定去见识见识。"

老山羊嘱咐说："一定要多加小心！"

第二天，小猴来到了"鬼狐阵"前，只见在一棵大树上钉着一块牌子，牌子上写着：

> 我这里有白、红、绿3种颜色的萝卜。其中白萝卜和红萝卜合在一起有16根，红萝卜比绿萝卜多7根，绿萝卜比白萝卜多5根。你要吃白萝卜请往前一直走；你要吃红萝卜请往左走；你要吃绿萝卜请往右走。但是，只有你找到的萝卜是这3根时，你才能够吃到。不然的话，后果自负！

小猴看着牌子，自言自语道："看来首先要把3种萝卜都算出来，不然的话，后果将不堪设想。弄不好还会让狐狸给吃了！"

小猴想："牌子上写着，红萝卜比绿萝卜多7根，而绿萝卜又比白萝卜多5根，显然是红萝卜最多，白萝卜最少。"

"我要设最少的白萝卜有 x 根，这时绿萝卜就有 $x+5$ 根，红萝卜就有 $(x+5)+7=x+12$ （根）。"小猴要用方程来解，"由于白萝卜和红萝卜加起来有16根，可以列出方程求解：

$$x+(x+12)=16$$
$$2x+12=16$$
$$x=2。"$$

小猴一拍手说："算出来啦！白萝卜2根，绿萝卜7根，红萝卜14根。照牌子上写的，应该往左走才能吃到红萝卜。这次我偏往前走，看看你狐狸耍什么花招？"说完径直往前走。

此时，狐狸手里拿着一把刀子正藏在大树后面。他看见小猴在前面跑，狐狸举着刀子在后面追。狐狸边追边喊："小猴子，你往哪里逃？"

真假萝卜

小猴在前面说："狐狸，你追不上我！"小猴心想，若往左边跑，看看能不能吃到萝卜？想到这儿，他转身就往左边跑。

小猴远远地看见地上长着一个大红萝卜。小猴说："嘿，还真有红萝卜！我过去看看。"

小猴跑到红萝卜旁，双手揪住萝卜缨用力往外拔。红萝卜是拔出来了，小猴定睛一看，原来是个假萝卜。小猴知道上当了，刚想离开，已经来不及了。地上的一个绳套，一下子就把小猴的双脚捆住了。

小猴叫道："不好，中埋伏了！"话音刚落，绳套通过树杈往上一提，就把小猴头朝下地拉到了半空中。

"嘿嘿"一阵冷笑，狐狸从树后面走了出来。狐狸点着头说："好，好，昨天捉了一只兔子，今天抓了一只小猴，天天有收获。"

"嘻嘻！"小猴也笑了，他说："想捉住我？没那么容易！"说着小猴就利用那根绳子，在空中荡起了秋千，越荡越高。

狐狸抬着头，看着小猴的表演，心想，小猴在玩什么把戏？

小猴荡到足够高时，他双手抓住了一枝大树杈，一翻身就坐了上去。

小猴边解脚上的绳套，边问狐狸："小白兔和小山鸡是不是都叫你吃了？"

狐狸伸出舌头，舔着嘴唇说："一天吃一只，好日子喽！好解馋喽！"

狐狸的这番话激怒了小猴。他从树上跳了下来，照着狐狸的前胸猛踹一脚，把狐狸踹得在地上翻了两个跟头。

狐狸捂着前胸，倒在地上痛苦地叫道："哎哟，疼死我喽！"

小猴指着狐狸说："踹死你这个坏狐狸！"说完小猴直接往右边走去。

小猴说："我再去右边看看有什么花招？"往右没走多远，就看见路中间立着一块大木板，挡住了去路。木板上写着几行字：

要想让木板移开，必须在下面的括号中填上合适的数，使得乘积的最后4位数字都是0，而且填的应该是满足条件的最小的数：

$$985 \times 935 \times 972 \times (\qquad)$$

小猴想：这3个乘数末位的数都不是0，要想出现0必须是2和5相乘。所以，我首先来看一下，这3个乘数中含有多少个2和5的因数。对，先把这3个数作因数分解：

$$975 = 3 \times 5 \times 5 \times 13$$
$$935 = 5 \times 11 \times 17$$
$$972 = 2 \times 2 \times 3 \times 3 \times 3 \times 3 \times 3$$

"好啦！"小猴说，"要求最后4位数都是0，需要有4个2和4个5才行。这里只有2个2和3个5，缺少2个2和1个5，我给它补上就行了，$2 \times 2 \times 5 = 20$，满足条件的最小的数是20！"

小猴在括号中刚刚填上20，只听"呼"的一声，从头顶的树上落下一个铁笼子，正好把小猴扣在里面。

"哈哈，看你小猴子往哪儿跑！"狐狸也不知从哪儿钻了出来。

被困笼中

小猴被扣在笼子里。狐狸围着笼子转了一圈，"嘿嘿"笑了两声说："你逃得过初一，躲不过十五！看来今天我要吃一顿猴子肉了。"

"呸！"小猴在笼子里向狐狸吐了一口唾沫，说："想得美！你抓得着我吗？"

"看我抓得着抓不着！"说着狐狸就把两手伸进笼子里想抓小猴。小猴"嗖"的一声蹿了起来，两手抓住笼子上面的铁棍，跑到上面去了。

狐狸连蹿带跳，大声叫道："我要吃你！"

小猴在上面说："门儿都没有！"

看来狐狸是没有希望抓住小猴了。他恶狠狠地说："你等着，我去把'鬼狐阵'的其他几只狐狸找来，我们从几个方向同时抓你，看你往哪儿跑！"说完就走。

"回来！"小猴叫住了狐狸。

狐狸问："什么事？"

小猴说："你先告诉我，你们一共有几只狐狸，我看抓我够不够数？"

狐狸摇晃着脑袋说："这可是我们'鬼狐阵'天大的秘密！反正你在这儿等死也没事，我给你出道题让你解解闷儿。如果你能算出来，就可以知道我们有几只狐狸啦！"

小猴说："你快说吧！"

狐狸倒背着双手，边走边说："前几天有 3 个老猎人各带了同样多的子弹来打猎。他们弹无虚发，每人打死了 2 只兔子、1 只狼和 1 只猴子。"

"瞎说！"小猴打断了狐狸的话，说，"不是 1 只猴子，是 1 只狐狸！"

狐狸愣了一下，说："噢，噢，也许是我记错了。3 个猎人剩下的子弹总和恰好等于他们出来时，一个人所带子弹的数目。这一个人带的子弹数就等于我们狐狸数。"

小猴点点头说："也就是说，只要有一个猎人遇到你们这群狐狸，一枪一个，就可以把你们都打死！"

狐狸把眼睛一瞪，说："你耍贫嘴，你等着！"说完怒气冲冲地走了。

小猴跳到地上，计算这个题目："每个猎人都打死了 2 只兔子、1 只狼和 1 只狐狸。也就是说，每人打死 4 只，3 个人一共打死了 12 只。这 12 只仅占猎人所带子弹总数的 $\frac{2}{3}$，可以算出一个猎人带的子弹数为 $12 \div 2 = 6$（颗）。好了，狐狸一共有 6 只。"

突然，小猴听到有个声音说："小猴子，你怎么钻到笼子里玩呀？"这声音把小猴吓了一跳，"噌"的一声，他又蹿上了笼子顶上。小猴低头寻找谁在说话，发现是小鼹鼠钻进了笼子里。

拨动圆盘

小猴发现原来是小鼹鼠就从上面跳了下来。

小鼹鼠拉着小猴的手问："你在笼子里玩什么呢？咱俩一起玩好吗？"

小猴解释说："我哪里是在笼子里玩！我是被狐狸扣在里面的。你快把我救出去！"

小鼹鼠说："我先钻出去看看，怎么能把笼子提起来。"说完就钻进土里不见了。

一会儿，小鼹鼠从笼子外面的土里钻了出来。他把笼子上下仔细看了看，然后对小猴说："笼子拴在一根绳子上，绳子的另一头连在一个圆盘上，绳子我拉不动。"

小猴让小鼹鼠去看看，圆盘上写着什么没有。小鼹鼠很快就回来了，递给小猴一张纸条，说："圆盘上有字，还有数。我都抄下来啦。给你！"

小猴接过纸条一看，上面写着：

在圆盘上拨出△这个数，铁笼可以自动拉上去。

4，16，36，64，△，144，196

小猴看着这行数，皱着眉头在琢磨：要想知道△是多少，必须先找出这行数的规律来。这行数有什么规律呢？小猴看了半天，也没看出个所以然来。

小鼹鼠着急了，催促说："你快点算哪！待会儿狐狸们来了，我就救不了你啦！"

"这个规律还真不好找！"小猴抹了一把头上的汗，在地上算着。

突然，小猴一拍大腿，叫道："我找到规律了！你看！"小鼹鼠看到地上有几行算式：

$$4=4\times1\times1 \qquad 16=4\times2\times2$$
$$36=4\times3\times3 \qquad 64=4\times4\times4$$
$$100=4\times5\times5 \qquad 144=4\times6\times6$$
$$196=4\times7\times7$$

小鼹鼠看着地上的算式，佩服极了。他说："你看这些算式多有规律！等号右边竖着看，第一列全是 4，第二列和第三列都是从 1 按顺序排到 7。"

小猴问："你说，△应该是几？"

小鼹鼠立刻回答："应该是 100！"

小猴对小鼹鼠说："你在圆盘上拨一次 1，再拨两次 0。"

"好的！"小鼹鼠爬到圆盘前，拨了个 100。"呼"的一声，笼子提了上去。

"好啊！我得救喽！"小猴拉住小鼹鼠的手说，"谢谢你救了我。"

这时听到狐狸的叫声："那个小猴子在哪儿？别让他跑了！""关在笼子里，他跑不了！"

6 只狐狸走近一看，"啊！小猴跑了！"

领头的一只狐狸下令："快追！"

蒙 面 抢 劫

一大早，老山羊急匆匆跑来对小猴说："不好啦！我的小山羊被劫持了。"

小猴忙问："是谁干的？"

老山羊回答："是两个蒙面家伙！"

小猴又问："临走时，他们说了什么没有？"

老山羊从怀里掏出一张纸条，说："他们留下这张纸条，要求两天之内按纸条上的电话号码给他们打电话。"

小猴看见纸条上写着一行字：

2AAAA2，这个 6 位数可以被 9 整除。

老山羊着急地说："可是电话号码是多少，并不知道啊！"

小猴说："你别着急，这个电话号码可以算出来。"

老山羊摇摇头说："6 个数只有 2 个知道，4 个不知道，这可怎么算？"

小猴说："如果一个数能够被 9 整除，它的各位数字之和必定是 9 的倍数。"

接着小猴写出：

$$2+A+A+A+A+2$$
$$=4+4\times A$$
$$=4\times(1+A)$$

小猴分析说："$4\times(1+A)$ 必定是 9 的倍数，而 4 不是 9 的倍数，可以肯定 $1+A$ 必定是 9 的倍数。"

老山羊频频点头："分析得有理。由于 A 是一位数，$1+A=9$，A 必然等于 8。电话号码是 288882。"

"哎呀！你老山羊的分析能力提高得真快啊！"小猴伸出大拇指夸奖老山羊。

老山羊拿起电话立刻拨通了 288882："喂，我是老山羊，你们要放了我的儿子！"

电话听筒里传来恶狠狠的声音："放了你的儿子？必须拿 100 元来赎！否则，我们就把你的儿子当午餐吃了。哈哈……"

"呜呜……"放下电话老山羊就哭了。他说："我哪有那么多钱？我

李毓佩
数学科普文集

儿子非死不可了！"

小猴安慰老山羊说："你先别着急，咱们一起想想办法。"

小猴背着手转了三个圈儿。他停下来问："他们说要吃小山羊，说明他们是猛兽。你看他们的样子像狼呢？还是像老虎？像熊？像狐狸？"

老山羊说："我看像狼。"

小猴趴在老山羊的耳朵边，小声说了几句。老山羊连连点头说："好！好！"

交钱的学问

老山羊抓起电话，拨了号码 288882。对方粗生粗气地问："老山羊，你想好了吗？"

老山羊回答说："想好了，我保儿子的性命要紧。我把 100 元钱分成 4 份，分东、南、西、北 4 个地方交给你们。行吗？"

对方说："行，行，只要给钱，分 8 个地方交也成啊！你先告诉我，每个地方交多少钱？"

老山羊说："嗯……北边交的钱数加上 4，南边交的钱数减去 4，东边交的钱数乘以 4，西边交的钱数除以 4，结果都相等。"

"就这样吧！到时候不把钱送到，你的儿子就没命啦！"说完"咔嗒"一声就把电话挂上了。

这时，两个强盗开始商量。胖一点的强盗说："咱们只有两个人，怎么能同时去四个地方取钱？"

瘦一点的强盗想了想，说："这样吧！咱们先把四处钱的数目算出来，哪两个地方钱多，咱俩就先去哪两个地方取钱。"

胖强盗竖起大拇指，夸奖说："还是老弟聪明！这叫先拿大头，再拿小头。不过，这四处的钱数还需要老弟来算。"

"这点小账难不倒我。"瘦强盗说，"四个地方经过加、减、乘、除之后都相等了，可以设这个相等的数为 x。"

胖强盗忙问："设完 x 往下怎么办？"

瘦强盗说："北边的钱数是 $x-4$，南边的钱数就是 $x+4$，东边的钱数就是 $x÷4$，西边的钱数就是 $x×4$。"

"对，对。"胖强盗好像明白了一点，"他说加，你就减；他说减，你就加；他说乘，你就除；他说除，你就乘。可是，往下又该怎么办？"

瘦强盗说："这四个地方钱数总和是 100 元，可以列出一个方程：

$$(x-4)+(x+4)+x÷4+x×4=100,$$

$$2x+\frac{x}{4}+4x=100,$$

$$\frac{25}{4}x=100,$$

$$x=16。$$

这样就知道北边有 $16-4=12$（元），南边有 $16+4=20$（元），东边有 $16÷4=4$（元），西边有 $16×4=64$（元）。"

"哈，西边的钱最多，我去西边！"胖强盗见钱眼开。

瘦强盗说："你去西边，我去南边。"两人立即行动。

独闯野狼窝

胖强盗一溜小跑，来到了西边。他看见在一棵大树上，吊着一个口袋，口袋上写着："内装 64 元。"

胖强盗高兴地说："对，就是它！我要把它拿下来。"他向后退了几步，然后来了一个加速跑，"噌"的用力往上一跳，伸手去够钱袋。

在胖强盗准备跳的同时，蹲在树上的小猴放下一个绳套，看胖强盗往上一跳，说了声："来得好！"正好将绳套套在胖强盗的脖子上。"啊！"

胖强盗被吊在了半空。

再说瘦强盗往南走，来到了一个树洞前，见树洞上写着："里面有20元。"

瘦强盗点点头说："就是这儿！我钻进去拿。"说完就钻进了树洞。他刚刚钻进树洞，老山羊从树后面走了出来，用一块大石头把树洞堵上了。

瘦强盗在里面高喊："让我出去！"

老山羊在外面说："让你出去也容易。第一，要告诉我，你们俩究竟是什么东西。第二，要告诉我，我的儿子现在在哪儿？"

"我说，我说。"瘦强盗说，"我和胖子是两只狼。小山羊现在在野狼窝。"

老山羊听说自己的儿子在野狼窝，就放声大哭，边哭边说："这下子可完喽！进了野狼窝的羊还没有活着出来的！"

小猴赶到了。他安慰老山羊说："不要着急，我去野狼窝探探，想办法把小山羊救出来！"

老山羊一把拉住小猴："你不能去！进野狼窝太危险！"

小猴笑笑说："为了救出小山羊，再大的风险我也要去闯一闯！"说完一转身就消失在密林中。

小猴边走边察看，他发现前面有个大山洞，山洞上写着"野狼窝"三个大字。小猴点点头说："就是这儿！"

山洞的大门是关着的，他走近一看，发现门上有几行字：

> 下面算式中：
>
> 羊×狼×羊狼＝狼狼狼
>
> 羊和狼各代表一位的自然数。问羊＝？狼＝？填对了门自开，填错了你必死！

小猴心想，用羊和狼也能组成一个算式，还要算出数来，真奇怪！

"再难我也要把它算出来！"小猴说，"既然狼代表一位数，我就可以用狼去除等式的两边。"说除就除：

$$\frac{羊×狼×羊狼}{狼} = \frac{狼狼狼}{狼}$$

$$羊×1×羊狼=111$$

而 $$3×37=111$$

所以 $$羊×羊狼=3×37$$

$$羊=3 \quad 狼=7$$

小猴把两个数分别填进两个圆圈中，门"呼啦"一声打开了。

解开密码

小猴进了野狼窝，发现周围静悄悄的。他心想，野狼窝这么大，我到哪里去找小山羊呢？

突然，他想起一个好主意。小猴捏着自己的鼻子"咩——"学老山羊叫，这一招果然见效，只听一块巨石后面传出小山羊"咩——"的叫声。

"小山羊在那儿！"小猴连蹦带跳直奔巨石跑去。

转过巨石，小猴发现小山羊被捆在一根木桩上，旁边有一只恶狼看守着。

"怎么办？"小猴低头想了一下，然后跑到一块大石头后面"咩——，咩——"连叫了几声。

看守小山羊的恶狼听到羊叫，高兴地说："嘿！又有一只羊送上门儿来，我去把它抓住！留着慢慢吃。"说完直奔大石头而去。

恶狼刚一离开，小猴就跑了过来，对小山羊说："小山羊，我来救你！"

小山羊高兴地说："猴哥，快给我打开锁！"小猴拿起锁一看，立刻就傻眼了。

小山羊着急地问："猴哥，你为什么还不给我打开锁？"

小猴摇摇头说："不成啊！这是一个密码锁，不知道密码是打不开的。"

"那怎么办呀？"小山羊急得直哭。

小猴摸着小山羊的头说："别着急！我问你，你听没听过恶狼说过密码？"

小山羊想了想，说："听过！有一次，恶狼头子来了，他对一只恶狼说，把 1、2、3、…、1997、1998 这 1998 个数连在一起，可以得到一个很大很大的数。"

小猴点点头说："对，对，连在一起是一个很大很大的数，这个大数是 123456789101112……19971998。密码不会是这个大数吧？"

小山羊说："恶狼头子说，这个大数有几位，密码就是几。"

小猴头着头想了一会儿，说："可以按数的位数多少，分别来求：从 1 到 1998 共有 9 个一位数，90 个两位数，900 个三位数，999 个四位数。合在一起是 $9+2×90+3×900+4×999=6885$。"

"好啦！密码是 6885，我来开。"小猴迅速拨动密码锁，很快就把密码锁打开了。

小猴和小山羊刚想走，恶狼回来了。恶狼圆瞪着双眼，吼道："原来是你猴子捣乱！我饶不了你，看你们往哪里跑！"接着"嗷——"的一声就扑了过来。

小猴说了声："快跑！"拉起小山羊就跑，恶狼在后面追。小猴和小山羊很快就跑出了野狼窝，小猴返身把大门关上，又用密码锁把大门锁上，尽管恶狼在里面又蹦又跳，但是出不了大门。

老山羊把小山羊一把搂在怀里，拉住小猴的手说："没有你的帮助，我的小山羊就没命啦！"

小猴笑了笑说："和这帮坏蛋斗，是我的责任。"

大蛇吞蛋

小猴抱着一堆野果往家走，路过鸡窝，从鸡窝里传出阵阵的哭声："呜，呜……"

"是谁在哭？"小猴放下野果，钻进鸡窝想看个究竟。进窝一看，是老母鸡在哭。

小猴问："老母鸡，你在哭什么？"

老母鸡擦了擦眼泪，说："这几天总是丢鸡蛋，鸡蛋丢光了，我怎么孵小鸡呀！"

小猴又问："知道是谁偷的吗？"

"不知道啊！"老母鸡说，"好像他每天都准时来偷蛋。"

小猴想了想，说："这样吧，咱俩躲在暗处，看看究竟是谁偷了你的鸡蛋。"

老母鸡点点头说："好！"两人走出鸡窝，藏在一棵大树的后面。等了好长一段时间，忽然传来"哧哧"的声音。

老母鸡问："这是什么声音？"

"嘘——"小猴示意老母鸡不要说话，然后用手一指，小声说："来了两条蛇！"老母鸡顺着小猴所指的方向，看见一大一小两条蛇正向鸡窝爬来。

走在后面的小蛇问："走了这么长一段路，怎么还不到？"

"嘘——"大蛇低声说，"前面就是鸡窝了。"

小蛇又问："这儿离咱家有多远？"

数 学 动 物 园　　李毓佩
数学科普文集

大蛇回答："不算远，这一段时间，我每天都准时到这儿偷鸡蛋，又准时回家。"

小蛇喜欢刨根问底，他问："不算远，具体有多少米啊？"

大蛇也十分耐心，他说："昨天我从家到这儿，速度是每分钟走 7 米，比标准时间晚到 1 分钟；偷吃完鸡蛋，我有劲了，以每分钟 9 米的速度往家走，结果早到家 5 分钟。你算算，从这儿到家有多远？"

小蛇显得很不高兴地说："昨天我又没吃着鸡蛋，我不会算！"

"哈哈，我吃了鸡蛋，我会算！"大蛇边说边写，"设这个标准时间为 x 分钟，从家到这儿由于我晚到了 1 分钟，所以从家到这儿的距离是 $7\times(x+1)$ 米；而从这儿到家我早到了 5 分钟，从这儿到家的距离是 $9\times(x-5)$ 米。可是这两段距离相等，可以列出方程：

$$7(x+1)=9(x-5),$$

$$7x+7=9x-45,$$

$$2x=52$$

$$x=26。"$$

"往下我也会算了！"小蛇抢着说，"从家到这儿的距离是 $7\times(26+1)=7\times27=189$（米）。瞧，我没吃鸡蛋，也会算啦！"

大蛇笑着说："今天偷的鸡蛋，你多吃几个。你在这儿等着我，我先进去看看！"

橡皮鸡蛋

大蛇钻进鸡窝，马上又出来了。他惊奇地说："怎么里面一个鸡蛋也没有？"

小蛇噘着嘴说："准是今天母鸡偷懒，没有生蛋！"

大蛇安慰说："母鸡今天偷懒，明天一定会生蛋。咱们明天再来吃。"

"倒霉！单等我来吃蛋，母鸡偷懒！"小蛇不情愿地跟着大蛇回去了。

两条蛇走后，小猴和母鸡商量。老母鸡说："怎么办？我躲得过今天，躲不过明天，明天他们还来！"

小猴说："不要着急，我有个好办法！"小猴用橡皮做成一个假鸡蛋，放进鸡窝里，假鸡蛋通过一根细管连接到鸡窝外面的打气筒。

小猴高兴地说："明天让他们尝尝我的橡皮鸡蛋，保证好滋味！"

老母鸡夸奖说："真绝了！"

第二天，两条蛇又准时来了。这次两条蛇一起钻进了鸡窝，大蛇首先发现了橡皮鸡蛋，他高兴地说："好大的鸡蛋啊！哈哈！"张嘴就把假鸡蛋吞了进去。小蛇没吃着，还到处找："还有没有大鸡蛋啦？"

小猴听到大蛇把橡皮鸡蛋吞进去了，立刻用打气筒往橡皮鸡蛋里面打气，"哧——哧——"眼看着大蛇的肚子鼓起一个大包。

小蛇惊奇地问："你的肚子怎么鼓起一个大包？"

大蛇得意地说："吃了那么一个大鸡蛋，自然要鼓起一个大包！没事！"

但是，小蛇发现，大蛇的肚子越鼓越大。小蛇说："不对呀！你的肚子怎么变得这样大？是不是鸡蛋在你肚子里孵出小鸡啦？"

"疼死我啦！"大蛇在地上一个劲儿地打滚。

小猴走出来对大蛇说："你今后还敢不敢偷吃鸡蛋了？"

大蛇哀求说："不敢了，快饶了我吧！"

小猴问："你每天都偷吃几个蛋？"

大蛇回答说："我连着 4 天来偷蛋，从第一天起，每后一天都比前一天多偷吃 1 个。4 天吃到鸡蛋数的乘积等于 3024，每天吃多少你自己算算吧！"

"好啊！大蛇，肚子都疼成这样了，还出题考我？"小猴说，"我就

数 学 动 物 园 李毓佩
数学科普文集

不怕别人考我，我来给你算。"

小猴说："这 4 天偷吃鸡蛋数的乘积于 3024，我就先把 3024 分解开：

$$3024 = 2 \times 2 \times 2 \times 2 \times 3 \times 3 \times 3 \times 7$$
$$= (2 \times 3) \times 7 \times (2 \times 2 \times 2) \times (3 \times 3)$$
$$= 6 \times 7 \times 8 \times 9$$

你看，这不是分解成 4 个相邻的自然数之积了吗？"

老母鸡伤心地说："我明白了，大蛇这 4 天偷吃我的鸡蛋数为 6 个、7 个、8 个、9 个。我尽量多生蛋，还是不够他吃的！小猴，你用力打气！"

"好！"小猴又"哧，哧"往大蛇肚子里打气。

大蛇疼得实在受不了啦，他用力一掉头，把连接橡皮鸡蛋的皮管拉断了。"吱——"一股气流从大蛇口中喷出，只见大蛇身体腾空而起，往后飞行了好远一段路程，"砰"的一声重重地撞在树上，大蛇昏死过去。

"大蛇，大蛇。"小蛇叫了半天，大蛇才缓过劲来。大蛇瞪着小猴说："小猴子，你等着，我和你没完！"说完和小蛇一起逃走了。

智斗双蛇

小猴劳累了一天，晚上想好好休息一下。他拉住树条正往上爬，突然，他听到树上有人说："刚回来？我等你半天啦！"

小猴抬头一望，"啊！"大蛇盘在树上，脑袋探下来，离他很近了。

小猴"嗖"的一下，从树上跳了下来。小猴刚刚站稳，就听背后有人说："下树干什么？在上面待着有多好！"小猴回头一看，小蛇在地上正等着他呢！两面夹击，小猴处境很危险。

小猴厉声问道："你们想怎么样？"

大蛇"嘿嘿"一阵冷笑，拿出橡皮鸡蛋对小猴说："我尝过了这个橡皮鸡蛋的好滋味，今天特地让你也尝一尝！"

小猴眼珠一转，笑着说："原来是这么一件小事，好说好说。要让这个橡皮鸡蛋胀起来，必须有打气筒。没有打气筒，我把橡皮鸡蛋吃进肚子里，你也打不了气呀！"

大蛇一想，小猴说得也对，就对小猴说："你把打气筒藏到哪儿去了？快给我拿出来！"

小猴往东一指说："不远，往东走一会儿就到了。跟我走！"说完小猴就要走。

小蛇拦住了小猴的去路，说："慢着！我们俩可没有你小猴子跑得快。你必须告诉我向东走多远，你才能走！"

"好，我告诉你。"小猴说，"有1，2，3三个数字，让你任意从中挑出若干个数字，一个行，两个也行，三个也可以。这样可以得到不同的一位数、两位数、三位数。把其中的质数挑出来，按从小到大的顺序排好，所走的米数恰好等于第六个质数。"

小蛇瞪大了眼睛，说："问题这么长，这么难，成心不让人家做！我不会做！"

大蛇从树上爬下来，冲着小蛇嚷道："你不会，还问这么多问题！我告诉你，你先看看一位数中哪个是质数，把它们先挑出来。"

小蛇看见大蛇发火了，把头低下来，喃喃地说："一位数中1，2，3都是质数。"

"胡说！"大蛇的火还挺大。他说："1不是质数，只有2和3才是质数。"

小蛇接着算："用1，2，3组成的两位数有12，13，21，23，31，32，一共六个。"

大蛇点点头说："对，这其中只有13、23和31是质数，这就有5个

数学动物园 李毓佩
数学科普文集

质数了。你再排排三位数。"

小蛇说："三位数有 123，132，213，231，312，321，也是六个。这六个当中，谁是质数啊？"

大蛇想了想，说："由于 1＋2＋3＝6，这六个三位数都可以被 3 整除，因此这六个三位数都是合数！"

小蛇把头抬得高高的，说："闹了半天，这些数中根本就没有第六个质数！"小蛇一回头，小猴不见了。

小蛇大叫一声："猴子跑了！"

虎大王有请

这天一早，黑熊、狐狸、狼、蛇约好，到虎大王处告状。威武的虎大王坐在中间的宝座上，问："你们都告谁呀？一个一个地说。"

没想到，告状的动物齐声说道："我们都是来告小猴子的！"

"什么？你们这些猛兽来告一只小猴子？哈哈……"虎大王乐得前仰后合。

狼往前走了一步，说："大王有所不知，小猴子聪明过人，我们谁也斗不过他！都让他给治得死去活来！"

蛇抹了一把眼泪，说："小猴子骗我吃下橡皮鸡蛋，他还往鸡蛋里打气，差点没把我胀死！大王一定要给我做主呀！"

"有这等事？"虎大王从座位上站了起来。他命令："黑熊和狼，你们俩去传令小猴子，叫他马上来见我！"

"遵命！"黑熊和狼转身走了出去。

小猴正在树上吃早餐，小松鼠慌慌张张跑来报告："不好啦！小猴子，虎大王要找你算账！"

小猴吃惊地问："有这种事？虎大王为什么要找我？"

小松鼠说:"是黑熊、狐狸、狼、蛇集体把你给告了!"

小猴点点头说:"我知道了,谢谢你!"说完拿出一张纸条,在上面写了些什么。然后他把纸条贴在树上,一转眼就不见了。

黑熊和狼来到树下,冲树上喊:"小猴子——虎大王找你!快下来!"叫了半天,树上没人答应。

黑熊说:"小猴没在树上。"

狼指着树上的纸条:"你看,这一定是小猴子留下的纸条。"狼把纸条拿下来,只见上面写着:

> 我在从这棵树开始,往正东数第 m 棵树上休息,可以去那
> 儿找我。
>
> $m = [\bigcirc \div \bigcirc \times (\bigcirc + \bigcirc)] - (\bigcirc \times \bigcirc + \bigcirc - \bigcirc)$
>
> 从 1 到 9 不重复地选出 8 个数字,分别填进上面的圆圈
> 中,使得 m 的数值尽可能的大。

黑熊看着纸条直发愣,他问狼:"我说狼大哥,你会算 m 吗?"

狼白了黑熊一眼,没好气地说:"我要是会算,我不是成了小猴子了吗?"

"怎么办?"黑熊没了主意。

"怎么办?拿去给虎大王交差,让虎大王自己算吧!"狼和黑熊扭头去见虎大王。

虎大王见狼和黑熊回来了,却不见小猴子。虎大王问:"小猴子呢?"

狼说:"报告大王,小猴子正在第 m 棵树上睡大觉呢!"

"第 m 棵树?"虎大王弄糊涂了。

狼把纸条递给虎大王。虎大王看完后,问:"谁会算这个 m?"大家你看看我,我看看你,都不说话。

大蛇扭动了一下身子,说:"咱们当中,只有狐狸二哥头脑发达,除

了狐狸二哥，谁还会算？"

虎大王对狐狸说："你算出 m 来，我赏你一大块肉！"

狐狸皱着眉头说："这个问题很复杂，容我好好想一想。"

一泡猴尿

虎大王问狐狸："这个问题是不是太难了？"

狐狸摇摇头说："嘿嘿，题目不怕难，有肉能解馋！"

虎大王听了"哈哈"一乐，说："我赏你的一块肉，足够你解馋的！"

狐狸指着纸条上的算式：

$$m=[\bigcirc \div \bigcirc \times (\bigcirc + \bigcirc)] - (\bigcirc \times \bigcirc + \bigcirc - \bigcirc)$$

分析说："要让 m 尽可能的大，首先要让中括号里的数尽量的大，同时要让减号后面小括号里面的数，尽量的小。"

"对！"虎大王说，"只有被减数越大，减数越小时，差才能越大。"

大蛇走到狐狸身边，夸奖说："还是二哥聪明！"

狐狸来神了，他清了清嗓子说："要想使中括号里面的数大，中括号里最左边的圆圈里一定要填最大的数 9，第二个圆圈要填最小的数 1。"

狼插话说："中括号里第三个圆圈和第四个圆圈要尽量填大数，一个填 7，一个填 8。"

狐狸拍了拍狼的肩膀，说："嘿，狼大哥的数学水平见长！我待会儿把吃剩的肉，分给你点！"

狼赶紧点头说："谢谢狐狸老弟！"

"至于小括号嘛？"狐狸接着算，"小括号里面前三个圆圈尽量填小数，而最后一个圆圈填大数。这样才能保证小括号里的数尽量小。"说着狐狸就把 m 算出来了：

$$m=[9 \div 1 \times (7+8)] - (2 \times 3 + 4 - 6) = 131$$

智斗群兽 _____ 177

"去吧！"狐狸十分神气地说，"往东正数，小猴子正在第 131 棵树上睡大觉呢！"

虎大王下令："这次以防万一，你们四个一起去找小猴子！"

"是！"四个家伙齐声答应，退了出来。

黑熊找到上次那棵树，从那棵树开始往正东数："1，2，3，…，130，131。好了！小猴子就在这棵树上。"

狼抬头就想喊小猴子，"慢着！"狐狸拦阻说，"小猴子鬼得很，你一叫他，没准他又跑了！"

狼问："那怎么办？"

狐狸对大蛇说："你先偷偷爬上去，把小猴子缠住，别让他跑了。"

"好吧！"大蛇答应一声就往树上爬。

这时听到树上小猴在说话。小猴说："睡醒了，撒泡尿！"接着猴尿从天而降，尿到了狐狸、狼、黑熊的头上。

狐狸捂着脑袋叫道："哎呀，撒了我一头猴尿，真臊！"

这时大蛇缠住了小猴的一条腿，说："看你往哪儿跑！"

小猴用力一甩腿，说："去你的吧！"大蛇"嗖"的一声飞了出去。

大蛇在空中叫道："呀，我坐飞机啦！"然后"啪"的一声摔在一块大石头上。

黑熊跑过去一看，说："大蛇摔死啦！"

狐狸对小猴说："小猴子，虎大王派我们来找你，叫你去一趟。"

虎大王发怒

小猴听说虎大王找他，他一伸手对狐狸说："既然是虎大王找我，可有书面通知？"

"这……"狐狸眼珠一转说，"有，有。我出来时忘带了。"

狼和黑熊也一起搭腔：“对，对，我们忘带了。”

“忘带了？”小猴晃悠着脑袋说：“既然没有通知书，我就不去！”

狐狸憋不住火了，他恶狠狠地说：“好啊！小猴子，你是敬酒不吃吃罚酒啊！你等着，我让虎大王亲自找你算账！”说完和黑熊、狼转身回去了。

狐狸见到虎大王，哭丧着脸说：“小猴子听说您找他，他不但不来，还摔死了大蛇，撒了我们一头尿！”

“反了，反了！”虎大王从座位上跳了起来，吼道：“我亲自把小猴子抓来！”说完带着狐狸、狼和黑熊飞奔到大树下。

虎大王冲着树上高叫：“小猴子听着，我虎大王来抓你啦！你快点下来！”

狼在一旁帮腔说：“快点下来！”

只听“呼”的一声，从树上飞下一块西瓜皮，正好砸在狼的头上。狼“哎哟”一声，捂着脑袋说：“砸死我了！”

小猴在树上笑着说：“嘻嘻，我吃西瓜，请你吃西瓜皮！”接着小猴问：“虎大王找我干什么？”

虎大王质问：“你为什么欺负狐狸、狼、黑熊和大蛇？”

“笑话！”小猴回答说，“他们四个是猛兽，平时专门欺负小动物，干尽了坏事！我还能欺负他们？”

虎大王问：“你说他们干尽了坏事，可有证据？”

“当然有，我做过调查！”说着小猴拿出一个本子说，“经过我逐户调查，发现有一批案子是他们四个干的。”

虎大王又问：“他们各干了多少？”

小猴翻开本子念道：“这些案子中，有 $\frac{1}{6}$ 是大蛇干的，有 $\frac{1}{5}$ 是黑熊干的，有 $\frac{1}{4}$ 是狼干的，$\frac{1}{3}$ 是狐狸干的，最后还剩下 6 个案子嘛……”

虎大王催问："这最后的 6 个案子，究竟是谁干的？"

小猴说："是大森林中权势最高的动物干的！"

虎大王对狐狸说："你会计算，你给我算算，你们各干了多少坏事？"

"是！"狐狸哆哆嗦嗦地算，"设案子总数为 1。这剩下的 6 个案子所占的份数为：

$$1 - \frac{1}{6} - \frac{1}{5} - \frac{1}{4} - \frac{1}{3} = \frac{1}{20},$$

案子总数是 $6 \div \frac{1}{20} = 120$（件）。"

虎大王把眼睛一瞪，说："你们干了这么多坏事！"

狐狸、狼、黑熊一起跪下："请大王饶命！"

虎拿耗子

虎大王听说四人干了这么多坏事，非常生气。他又命令狐狸："你再把你们每个人干了多少坏事算出来！"

"是！"狐狸赶紧计算，"大蛇干了 $120 \times \frac{1}{6} = 20$（件），黑熊干了 $120 \times \frac{1}{5} = 24$（件），狼干了 $120 \times \frac{1}{4} = 30$（件），我干了 $120 \times \frac{1}{3} = 40$（件）。"

虎大王冲狐狸吼道："数你干的坏事最多！"

小猴说："他们干了这么多坏事，虎大王还不惩罚他们？"

虎大王点点头说："嗯，应该惩罚他们！"

狐狸磕头说："虎大王饶命！"

狼和黑熊磕头求饶："我们再也不敢了！"

虎大王怒气未消，他说："我罚大蛇 3 天之内要捉 100 只野鼠！"

狐狸小声说："大蛇被小猴子摔死啦！"

"死了就算了！"虎大王一指黑熊说，"我罚你 3 天之内去掰 1000 个玉米棒！"

黑熊张着大嘴，傻呵呵地说："什么？3 天要掰 1000 个玉米棒！非累死我不可！"

虎大王又一指狼和狐狸，说："你们俩干的坏事最多，罚你们 3 天之内给我盖 10 间大房子！"

"啊？"狼和狐狸同时惊叫，"10 间房子？你宰了我们俩也盖不起来呀！"

虎大王把眼睛一瞪，厉声说道："谁让你们干坏事了？这些任务必须 3 天内完成，否则别怪我对你们不客气！"

"是，我们不敢。"狐狸、狼和黑熊一起把头低下。

狐狸眼珠一转，笑着对虎大王说："大王，小猴子说有一个森林中权势最高的动物也干了 6 件坏事，您为什么不惩罚他呀？"

虎大王说："我不知道这个动物是谁，如果知道他是谁，我照罚不误！"

狐狸凑近小猴，问："小猴子，你说的这个动物究竟是谁呀？"

小猴两眼冲天，谁也不看，嘴里念念有词："此动物，体大，尾长，穿了一身带黑道的花衣裳，头上三横一竖有个王字。"

虎大王摇摇头说："这个动物是谁呢？"

狐狸拿来一面镜子，对着虎大王说："您看看镜子里的是谁？"

虎大王对着镜子仔细一看，叫道："啊！这个动物不就是我嘛！"

狐狸问："虎大王干坏事要不要受到惩罚？"

"嗯——"虎大王迟疑了一下，说，"我干了坏事也照样受罚！大蛇已死，他要捉的 100 只野鼠，我来替他捉。"

"嘿！"小猴笑着说，"人家说狗拿耗子多管闲事！你这虎拿耗子就更是多管闲事啦！"

群鼠出洞

天快黑了，小猴正准备上树睡觉。突然，小鹿急匆匆地跑来，喘着粗气对小猴说："小猴，你快跑吧！一大群野鼠要来找你算账！"

"真的？"小猴感到非常奇怪。这时他看见一大群野鼠正向他扑来，他赶紧上了树。

小鹿拦住了野鼠，问："小猴怎么得罪你们了？你们要找他算账。"

领头的野鼠说："都是因为他，虎大王一口气咬死了我们20个兄弟。千百年来，从没有听说老虎拿耗子，这次虎大王怎么咬起我们来了？"

小鹿说："你没问问虎大王，他为什么咬你们？"

"问了。"野鼠说，"虎大王说，小猴子告他干了6件坏事，他要惩罚自己，要在3天之内咬死100只野鼠，这事不是小猴子惹起来的吗？"

突然，一只野鼠往树上一指，说："你们看，小猴子躲在树上！"

领头的野鼠下令："大家一起啃树！"这群野鼠立刻围着大树来啃。不一会儿，大树就被这群野鼠啃倒了。小猴又跳到另一棵树上，野鼠又围着这棵树来啃。

野鼠正啃得来劲，突然，小蛇钻了出来，他一口咬住一只野鼠，张开大口，不一会儿就把野鼠吞进了肚里。

这时只听"嗷——"的一声，领头的野鼠大叫："虎大王来咬我们了，快跑吧！"眨眼间，野鼠全部跑光了。

虎大王跑过来一看，一只野鼠也没有了。"唉！"他叹了一口气说，"原来野鼠不知道我咬他们，他们都傻呵呵地等着我咬，我一口气咬死他们20只。现在可不成了，野鼠见着我就跑，我抓不着他们了，这100只野鼠的任务我也完不成啊！"

小蛇爬过来说："大王不用着急，我正帮您捉呢！您只要再捉□×○只野鼠就够100只了。"

虎大王忙问："这□×○只是多少啊？"

小蛇先在地上写了4行算式：

$$\triangle \times \square = 28$$
$$\triangle \times \triangle = 16$$
$$\bigcirc \times \Large\star = 15$$
$$\Large\star \times \Large\star \times \Large\star = 27$$

小蛇说："有这4个算式，您就可以算出来啦！"说完就走了。

虎大王看着地上的算式，说："这都是什么乱七八糟的东西！我一点也看不懂！小猴子，你来帮帮忙。"

小猴摇摇头说："你既然有本事当大王，这么容易的题都不会算？对不起，我还忙着呢！"说完小猴三蹦两跳地跑了。

虎大王没办法了，他说："只好找狐狸给我算了。狐狸——狐狸——"

"哎——"狐狸跑来问，"虎大王找我有什么事？"

虎大王指着地上的算式说："你给我算出来！"

狐狸抹了一把头上的汗，说："哎哟，我说大王，盖房子都把我累死了，我还有工夫帮您算题？"

虎大王说："只要你帮我把结果算出来，我就不叫你盖房子了。"

"那可太好了！"狐狸说，"我这就给您算！"

小猴子拿命来

狐狸看着地上的算式：

$$\triangle \times \square = 28$$
$$\triangle \times \triangle = 16$$
$$\bigcirc \times \Large\star = 15$$
$$\Large\star \times \Large\star \times \Large\star = 27$$

说："这个问题应该从第二个算式开始推：

由△×△＝16，可知△＝4；再由△×□＝28，可知，□＝7；由☆×☆×☆＝27，知道☆＝3；再由○×☆＝15，可得○＝5，因此□×○＝7×5＝35。"

狐狸摇晃着脑袋，十分得意地说："我给您算出来了，您只要再捉35 只野鼠就完成任务了。"

虎大王很满意，他说："狐狸会计算，好，我免去狐狸盖房子的任务，剩下的活儿由狼一个来干！"

狼一听这话，"咕咚"一声仰面倒在地上。狼叫道："完了！累死我为止！"

狐狸凑近虎大王，说："您虎大王自愿受罚，代替大蛇捉野鼠。按理说，让您捉个一只半只意思意思就行了。猴子偏让您捉 100 只野鼠，这是成心难为您啊！"

虎大王点点头，说："嗯，是这么个意思。"

狐狸又说："再说，捉老鼠是老猫、大蛇、猫头鹰的事，您虎大王怎么能干这种事呢？"

虎大王开始生气了，他说："你说得对。我要去找小猴子算账！"

狐狸看目的已达到，就奸笑着说："您想明白了就好！嘻嘻！"

虎大王快速奔跑，很快就找到了小猴，虎大王"嗷——"的一声吼："小猴子拿命来！"一下子就扑了上去。小猴不敢怠慢，"噌噌"两下爬到树上。

小猴坐在树杈上，说："有话好好说，何必动武？"

虎大王质问："你为什么让我堂堂的虎大王去捉小老鼠？"

小猴说："捉老鼠是你自己提出来的。"

"对，是我主动提出来的。"虎大王又问，"为什么要捉 100 只野鼠？"

数学动物园　李毓佩
数学科普文集

"嘻嘻！"小猴笑着说："这100只野鼠也是你自己提出来的，再说虎大王捉少了，会让人家笑话的！"

虎大王低头一想，觉得有道理："对，我再去找狐狸算账去！"

小鹿在一旁说："这虎大王一点准主意也没有！"

黑蛇钻洞

狐狸正在树荫下，看着狼一个人满头大汗地在盖房子。

狐狸懒洋洋地说："好好干，3天盖10间房子，要玩命才行！"

狼看狐狸那得意的样子，气不打一处来。狼把钢牙咬得"咯咯"乱响，说："你狐狸耍心眼，没有好下场！"

狐狸眯缝着眼睛，看着狼说："有没有好下场我不管，现在享清福是真的！"

狐狸的话还没有说完，只听"嗷——"的一声长吼，声震山林，把狐狸吓得跳了起来。狐狸定了定神，一看，是虎大王来了。

狐狸赶紧鞠躬，说："虎大王来了，我在看着狼盖房子呢！"

虎大王一把揪住狐狸的前胸，厉声问道："你说我捉100只野鼠太多，小猴子说当大王的就应该捉那么多！你说，是小猴子在骗我啊？还是你在骗我？"

狐狸哆哆嗦嗦地说："大王饶命！我可不知道！"

虎大王进一步问："你不知道，那么大森林里谁会知道？"

狐狸的眼睛乱眨巴了一阵，说："我看只有见多识广的老山羊才能知道。"

"我去找老山羊去！"虎大王带着一股风走了。

虎大王找到了老山羊，他一把抓住老山羊问："你说狐狸和小猴子谁会骗我？"

老山羊十分镇定地说：“敢骗虎大王的人，一定是个傻子！”

“对！”虎大王说，“只有不怕死的傻子才敢来骗我！可是怎么才能知道他们两个究竟谁在骗我？”

老山羊说：“这个好办！你举行一次智力竞赛，谁输了谁就是傻子，傻子骗你！”

“好主意！”虎大王高兴了。他说：“今天就举行一次找傻子比赛，由老山羊主持。第一对比赛的是小猴子和小蛇。”

小猴和小蛇走出来，面对面站好，老山羊站在中间。

老山羊清了清嗓子，说：“有一条黑蛇全长 80 厘米，他以 $\frac{5}{14}$ 天爬行 $7\frac{1}{2}$ 厘米的速度，往一个洞里钻。他的尾巴每天还往后长 11 厘米。问这条黑蛇需要多少时间才能全部钻进洞里？”

“我来！”小蛇抢先回答，“关于蛇的问题，当然应该由我来答。我先求出黑蛇一天爬行多少厘米：

$$7\frac{1}{2} \div \frac{5}{14} = 21 \text{（厘米）}，$$

所以用的时间是：

$$80 \div 21 = 3\frac{17}{21} \text{（天）}。$$

我算出来啦！黑蛇需要 $3\frac{17}{21}$ 天才能钻进去。”

“不对！”小猴跳起来说，“小蛇只算了黑蛇往洞里钻，忘记黑蛇还往后长呢！”

老山羊拍拍手说：“小猴说得对！现在请小猴来算这个问题。”

小猴说：“小蛇已经算出黑蛇往洞里钻的速度是每天 21 厘米。减去往后长的速度每天 11 厘米，全部进洞的时间是 $80 \div (21-11) = 80 \div 10 = 8$（天）。”

老山羊将小猴的右手高高举起，宣布：“这场比赛，小猴获胜！”

数学动物园　李毓佩
数学科普文集

力斗群凶

狼拉着黑熊一起走上来。狼说："我和黑熊一起和你比试。"

"可以。"小猴痛快地答应了。

老山羊开始出题："黑熊偷来很多玉米，他想把这些玉米藏起来，于是在地上挖了许多坑。他想让每一行各坑中玉米数之和恰好都是90个，每一个坑中都要有玉米。还要求每一行的坑中玉米数是连续自然数。问，各坑中要放多少玉米？"

狼捅了一下黑熊，说："这是你干的，你一定会放。"

$$\bigcirc$$
$$\bigcirc + \bigcirc + \bigcirc$$
$$\bigcirc + \bigcirc + \bigcirc + \bigcirc$$
$$\bigcirc + \bigcirc + \bigcirc + \bigcirc + \bigcirc$$

黑熊哭丧着脸说："我黑熊出了名的又傻又笨，我哪会干这种事？这是老山羊瞎编的。老狼，你会吗？"

狼摇摇头，说："我也不会，让小猴子放吧！"

小猴说："做题要从易到难。最上面的一个坑中，显然要放90个玉米。由于第二行的3个坑玉米数之和是90，可以将90用3去除：$90 \div 3 = 30$，可以肯定这3个坑的玉米是29，30，31。"

老山羊夸奖说："很好！"

小猴接着算："第三行是4个坑，将90用4去除，$90 \div 4 = 22.5$，得22.5。"

狐狸凑上前，说："22.5个玉米？是不是还要把一个玉米掰成两半呀？"

狼也跑上来说："老山羊说的可是连续自然数，0.5可不成！"

黑熊高兴得又蹦又跳："噢，猴子算错喽！"

"嘻嘻!"小猴笑着说:"你们可真沉不住气!这 4 个坑中应该和 21,22,23,24 个玉米呀!"接着他又把最后一行也填了出来。

$$90$$
$$29+30+31$$
$$21+22+23+24$$
$$16+17+18+19+20$$

"完全正确!"老山羊又一次把小猴的右手高高举起,宣布:"小猴获胜!"

虎大王气得胡子倒立,大声吼道:"一对傻蛋!一人吃我一脚!"说着给狼和黑熊一人一脚,把两人踢出老远。

狐狸凑上前问:"虎大王,还是我好吧?"

"你是一个阴谋家!"说着虎大王抡起巴掌,"啪!"结结实实给了狐狸一个大耳光。

数学动物园　李毓佩
数学科普文集

7. 数学神探006

劫持大熊猫

"嘀嘀嗒——嘀嘀嗒——""咚咚"，又吹又打好热闹！啊，原来大森林里正开欢迎会，欢迎国宝大熊猫来这里访问。大象、山羊、小白兔、黄狗警官排成一排，夹道欢迎大熊猫。大熊猫脖子上挂着一串漂亮的竹子雕刻项链，频频向欢迎的群众点头挥手。

大象紧走两步，握住大熊猫的手："欢迎国宝大熊猫！"

大熊猫用鼻子向四周闻了闻："听说你们这儿有许多好吃的竹子。"

"有，有，你可以敞开吃。请先到宾馆休息。"大象把大熊猫请进刚刚建成的宾馆，宾馆全部是用新鲜的竹子修建的。

大熊猫看见新鲜的竹子，馋劲就上来了，拿起竹编椅子张嘴就要啃。

大象急忙拦住，说："这张椅子没清洗，不干净。我这就去拿专门给你准备好的、干净的竹子。"

不一会儿，大象用鼻子卷着一大捆上好的竹子，送给了大熊猫。大熊猫美美地吃了一顿。

夜晚，大熊猫准备休息，忽然，窗外闪过两条瘦长的黑影。

大熊猫也没在意，他一路劳累，高举双手打了一个哈欠："呵——真累，我要好好睡一觉了。"说着一头倒在床上，瞬间就打起了呼噜。

一个黑影朝屋里一指："就在里面，动手！"

只见两个蒙面人迅速蹿了进去，用口袋套住了大熊猫的脑袋。

大熊猫惊醒了，大喊："救命哪！"

蒙面人恶狠狠地说："周围没人，你叫也没用，快乖乖跟我们走吧！"说完两人挟持着大熊猫，消失在茫茫的黑夜中。

第二天一早，黄狗警官匆忙来找数学猴。数学猴其实是一只小猕猴，由于他数学非常好，人送外号"数学猴"。只见黄狗警官穿着一身整齐的警服，腰里挎着手枪。数学猴则穿着一件花毛衣。

黄狗警官紧张地说："数学猴，不好了，国宝丢了！"

数学猴一愣："什么国宝？是文物，还是金子、银子？"

黄狗警官摇摇头说："都不是，是国宝大熊猫不见了。屋里还留了一张纸条。"

"拿给我看看！"数学猴接过纸条，只见上面写着："大熊猫被关在北山第 m 号山洞。m 是宇宙数。"

"什么是宇宙数？"黄狗警官问，"大森林里就数你的数学最好，你必须帮助侦破此案。"

数学猴双手一摊："可是我什么头衔都没有，谁听我的？"

"我黄狗警官任命你为森林侦探，代号 007！怎么样？"

数学猴摇摇头："我不当电影里的侦探，我要当数学侦探。"

"数学侦探的代号应该是多少？"

"006！"

"006？"黄狗警官摸了一下脑袋，"这 006 和 007 有什么区别？"

"区别可大啦！"数学猴十分严肃地说，"7 是一个质数，而 6 却是一个伟大的完全数！"

"什么是完全数？"

"6就是最小的完全数。6除去它本身，还有三个因数：1，2，3。而6＝1＋2＋3。一个正整数，如果恰好等于它所有因数（本身除外）之和，则这个数就叫做完全数。具有这种性质的数非常少！因为这样的数是完美无缺的！"

黄狗警官点点头："噢，你当侦探是想做到像完全数那样，完美无缺？"

"Yes！"

"好！以后就不叫你数学猴了，叫你006。"黄狗警官问，"咱俩要赶快找到第m号山洞，救出大熊猫！可是，宇宙数是多少不知道啊！"

"宇宙数是古代希腊人发明的。"006边说边写，"古希腊人把1、2、3、4这四个数称为四象，川流不息的自然的根源就包含于四象之中。"

黄狗警官倒吸一口凉气："这么深奥！"

"而把四象相加就形成广袤无垠的宇宙数。1＋2＋3＋4＝10，10就是宇宙数。"

黄狗警官点点头："看来他们是把大熊猫藏在北山第10号山洞里。"

"咱们去解救大熊猫！"006和黄狗警官往山上跑去，来到北山就往上爬。爬到10号洞洞口，黄狗警官趴在地上，迅速拔出手枪。

黄狗警官把手一挥："咱俩往里冲！"

新式毒气

006一摆手："不成！咱们在明处，他们在暗处，硬冲要吃亏。"

006采来许多树枝，用这些树枝扎成两个假人。

黄狗警官问："你要干什么？"

数学动物园 李毓佩
数学科普文集

"山洞里漆黑一片，咱们来个以假乱真！"

黄狗警官竖起大拇指："高！实在是高！"

006 和黄狗警官推着两个假人，一边吆喝，一边往里爬："大熊猫，我们来救你了！"

"嗖！嗖！"突然从里面飞出两支暗箭。

"砰！砰！"两箭都射在假人身上。

"哇！我中箭了！没命啦！"006 假装中箭大声叫喊。

一个蒙面人从里面跑了出来："哈哈！可以吃猴肉了！"

"哈，看你往哪儿跑！"跑出来的蒙面人刚想去抓 006，黄狗警官突然从后面用枪顶住了蒙面人的后腰："不许动！把手举起来！"

"摘下你的蒙面布，看看你是什么东西！"006 说着就想摘下他的蒙面布。

蒙面人猛地推了一把黄狗警官："天机不可泄漏！我走了！"说完掉头就跑。

"我看你往哪儿跑！"黄狗警官刚想举枪射击，006 把他拦住了："别开枪，抓活的！"

说时迟，那时快，006 迅速拆开自己的毛衣，把毛线的一头钩在了蒙面人的身上，随着蒙面人的逃跑，毛线逐渐拆开，006 的毛衣只剩下上面的一小半了。

黄狗警官埋怨 006："你不让我开枪，这里面大洞套着小洞，他跑了，到哪里去追呀？"

006 指指自己的毛衣："我把毛线的一头钩在了他的身上，你看，我的毛衣只剩一小半了。"

006 说："咱俩顺着毛线往前追。还怕他跑到天上不成？"

"你的主意酷毙了！"说着黄狗警官和 006 顺着毛线往前追。

由于洞里太黑，追着追着"咚"的一声，黄狗警官一头撞到了门上。

黄狗警官捂着脑袋："我的妈呀！撞死我了！这里有扇门。这门上好像有几个圆圈，好像还有字，看不清。"

006 摸到几根树枝，把树枝点着，借着火光把门的上上下下看了一个仔细。

只见门上写着：

把从 1 到 7 这七个数字，填到七个圆圈里，使每条直线上的三个数字之和都相等，且使外圈中的 $a+c+e=b+d+f$，大门自开。

黄狗警官问："006，这个问题要从哪儿下手？"

006 想了想："1 到 7 这七个数字，最中间的是 4，而大小两头相加都相等：$1+7=2+6=3+5=8$。"

"我明白了。"黄狗警官说，"把 4 放在正中间，使得 1，4，7；2，4，6；3，4，5 各在一条直线上，它们相加都等于 12。"

"对！还有一个条件哪！但是道理差不多，我填上吧！"006 把数字填进圆圈里。

刚刚填好，"呼"的一声，大门打开了，一股强烈的臊味从门里冲出，把黄狗警官和 006 熏得翻了一个跟头。

黄狗警官捂着鼻子大叫："哇！这是什么味道？"

006 也捂着鼻子："我快窒息了！"

黄狗警官和 006 捂着鼻子冲进洞去，看见大熊猫晕死在地上。

黄狗警官一指："大熊猫在这里，两个蒙面人跑了！"

006 忙问："还活着吗？"

黄狗警官用手在大熊猫鼻子底下试了试："他还有呼吸。"

"那不要紧，是让臊味熏晕了。快叫醒他。"

"大熊猫，你醒醒！"黄狗警官不断摇动大熊猫。

李毓佩
数学科普文集

大熊猫喘了口粗气:"我的妈呀!一个蒙面人冲我放了一个屁,就把我熏死过去了。这哪里是屁?纯粹是新式毒气,啊!"

黄狗警官又问:"他们有没有伤害你?"

大熊猫一摸脖子,发现挂在脖子上的竹雕项链不见了,大熊猫张开大嘴,放声痛哭:"哇!我最宝贵的竹雕项链不见了,那是我妈妈的妈妈的妈妈传下来的。现在丢了,这可怎么办哪?呜——哇——"

黄狗警官在一旁劝说道:"你不要难过,有神探006在,一定可以把竹雕项链找回来。"

黄狗警官回头问006:"咱俩怎么办?"

006一挥手:"走,咱俩到自由市场转一圈!"

"去自由市场干什么?"

"他们抢走竹雕项链,一定要转手卖出去的。自由市场人多眼杂,容易浑水摸鱼,把东西卖出去。"

黄狗警官点点头:"走!"

竹雕项链

数学猴006和黄狗警官穿着便装来到自由市场,市场上十分热闹,卖什么东西的都有。

忽然,一只大灰狼神秘地凑到006的身边,小声问:"办证吗?换美元吗?买黄金吗?"

006压低声音问:"有宝贝吗?"

"有!"狼拍着胸脯说,"只要你说出是什么宝贝,没有,兄弟我给你抢去!"

006一个字一个字地说:"竹——雕——项——链。"

"咦?"大灰狼的两只眼珠在眼眶里转了三圈,"我们刚刚弄到手的竹雕项链，你怎么知道？"

006皱起眉头，不耐烦地问："真啰嗦！你到底卖不卖？"

大灰狼掏出两支蜡烛，同时点燃："这两支蜡烛一样长，但不一样粗。粗蜡烛6小时可以点完，而细蜡烛4小时可以点完。当一支蜡烛的长度是另一支的2倍时，我拿着货在这儿和你交易，过时不候。"说完大灰狼头也不回，"噔噔"地走了。

黄狗警官摇摇头："这只大灰狼也真怪，不用钟表，而用蜡烛计时。"

006说："这里歪门邪道多了。咱们要把交易的准确时间算出来。"

"这可怎么算？"

"由于两支蜡烛一样长，可以设它们的长度为1。"006边说边写，"又设一支蜡烛燃到它的长度是另一支2倍所需要的时间为 x。这样，粗蜡烛1小时烧掉它长度的$\frac{1}{6}$，x小时就烧掉了$\frac{x}{6}$，剩下$1-\frac{x}{6}$。"

黄狗警官点点头："是这么个理。"

006接着说："同样，细蜡烛1小时烧掉它长度的$\frac{1}{4}$，x小时就烧掉了$\frac{x}{4}$，剩下$1-\frac{x}{4}$。经过 x 小时，粗蜡烛的长度是细蜡烛长度的2倍，可以列出方程：

$$1-\frac{x}{6}=2\left(1-\frac{x}{4}\right),$$
$$1-\frac{x}{6}=2-\frac{x}{2}$$
$$x=3。$$

要过3小时才能交易。"

"要过3小时哪？"黄狗警官急于要抓住罪犯，急得抓耳挠腮。

006笑着说："人家都说我们猴子是急脾气，你黄狗警官比猴子还急，哈哈！"

好不容易熬过了3小时，黄狗警官迫不及待地说："3小时到了。"

数学动物园

李毓佩
数学科普文集

006和黄狗警官瞪大了眼睛，四处张望，果然看见大灰狼晃晃悠悠地走了过来。

大灰狼冲他俩招招手："嗨，你们还真行，准时来交易。"

006往前走了两步，压低声音问："货带来了吗？"

大灰狼把脖子一挺，一脸严肃地喊道："这竹雕项链是稀世珍宝，怎么能在自由市场这么乱的地方交易？"

006揪了一下大灰狼的袖子："有话好好说，你嚷什么？这里你敢保证没有便衣警察？"

大灰狼吐了一下舌头，然后伏在006的耳边小声说："半小时后，到中心大街的一家咖啡馆里交易。咖啡馆的门牌号是一个左右对称的四位数，4个数字之和等于为首的2个数字所组成的两位数。"大灰狼说完左右看了看，没发现什么特殊情况，一溜烟地跑掉了。

黄狗警官摇摇头："又出一道数学题！"

"好玩！"006遇到数学题可就来劲了。他说："我设这个四位数是 $abba$。"

"哎，你为什么不设这个四位数为 x，而设成 $abba$ 呢？"黄狗警官有点不明白。

006解释说："因为这个数是左右对称的四位数，设成 $abba$ 可以用上给出的条件。"

006开始分析题目："大灰狼说'4个数字之和等于为首的2个数字所组成的两位数'。"

黄狗警官打断了006的话，问："4个数字之和是 $a+b+b+a$，可是为首的2个数字所组成的两位数怎么表示？"

'写成 $10a+b$ 啊！这时可以得到 $2(a+b)=10a+b$，$b=8a$，由于 a 和 b 都是一位数字，所以 a 只能取 1，b 等于 8。"

"这么说咖啡馆的门牌号是 1881 号了。"黄狗警官非常高兴，"走，到中心大街 1881 号的咖啡馆去！"

"我拿上钱！" 006 提着一箱子钱和黄狗警官直奔咖啡馆。

打开密码箱

在咖啡馆前，一个穿着破衣服的穷狐狸，在向过路人要饭吃："可怜可怜我穷狐狸，给点吃的吧！"

黄狗警官看到穷狐狸一愣："奇怪？我第一次看见狐狸要饭。"

006 也觉得奇怪："狡猾的狐狸怎么会要饭？咱俩要好好注意他。"

"好的。"时间紧迫，不容他俩多想。他俩赶紧迈步走进咖啡馆。

大灰狼迎了上来，笑呵呵地说："二位来得好快。"

006 提了提手中的箱子，说："我要看货。"

大灰狼却摇摇头："按道上的规矩，我应该先看钱。"

"看！" 006 "啪"的一声打开了箱子，里面满满的都是金币。

"哇！这么多金币！看来我要发大财啦！"大灰狼看到金币，眼珠都发红了。

006 说："我把钱带来了，你的货呢？"

大灰狼交给 006 一张纸条："这上面写着价钱，你先算算这些金币够吗？钱够了再验货。"

006 打开纸条，黄狗警官急着问："纸条上写的是什么价钱？"

006 看完了，把纸条递给黄狗警官。黄狗警官见纸条上写着：

买竹雕项链需要这么多金币：这些金币取出一半外加 10 枚给狐大哥；把剩下金币的一半外加 10 枚给狼二弟；再把剩下金币的一半外加 30 枚，赠送给猴神探 006，钱就分完了。

"嘀，还分给你一份哪！"黄狗警官把嘴一撇，"不用理他，他使的是离间计。006，快算出他要多少钱吧！"

"可以用倒推法来算。"006边说边算，"最后他把剩下金币的一半外加30枚给了我，就分完了。可以知道，最后剩下的金币是$30 \times 2 = 60$（枚）。"

黄狗警官点点头："对！这30枚金币占了最后剩下的金币的另一半嘛。"

006说："往前推，第二次分是把剩下金币的一半外加10枚给狼二弟，分完剩下了60枚金币。可以知道第二次分时，总共有$(60+10) \times 2 = 140$（枚）金币。"

"我也会算了。"黄狗警官说，"他们要的总钱数是$(140+10) \times 2 = 300$，啊，300枚金币哪！他们要得也太多了！"

"先答应他。把他稳住！你出去看看，要饭的狐狸还在吗？"006小声说。

黄狗警官点点头就出去了。

006回头对大灰狼说："只要300枚金币？我带的钱有富余，看货吧！"

提到看货，大灰狼面露难色。他支支吾吾地说："不是我不想给你们看，竹雕项链在我大哥手里。"

"你说的是狐大哥吧？"006一语道破，"刚才我在门口，看到他在要饭吃哪！"

大灰狼吃了一惊："啊，你都知道了？"

黄狗警官慌慌张张从门外跑进来："不好，那个要饭的狐狸不见了。"

006脸色突变："啊，让他跑了？"

突然听到一声咳嗽，只见狐狸从外面走了进来。狐狸已经不是要饭的穷酸样了，只见他身穿黑色的燕尾服，脖领打着蝴蝶结，戴着墨镜，叼着雪茄烟，一副绅士派头，手提一个精致的密码箱走了过来。

狐狸冲006点点头："谁说我跑了？我要完了饭，回家换了件衣服，才赶来。不算晚吧？"

006 问:"狐狸先生,货带来了吗?"

狐狸一提手中的密码箱:"在密码箱里。不过,我这个密码箱很特殊,需要看货人自己来开。"

006 见这个密码箱的密码很奇特,是一个圆圈,里面并排着红、绿、黄 3 个小钮。

006 问:"怎么个开法?"

狐狸递给 006 一支电子笔:"请你用这支电子笔,把这个圆分成大小和形状完全相同的两块。使一块中含有绿钮,另一块中含有黄钮。"

黄狗警官在一旁连连摇头:"这开箱的密码也太复杂了!这谁会啊?"

狐狸"嘿嘿"一笑,说:"听说神探 006 的智力超过著名的神探 007。这是对他的考验。"

006 拿着电子笔琢磨了一下,然后动手画:"我先画一个同心圆,再画两条线。"006 说着画出分法。

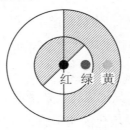

006 刚刚画完,箱子里传出悦耳的音乐声,伴随着音乐声,密码箱慢慢地打开了。在场的人都十分吃惊,黄狗警官惊讶地说:"哇,真的打开了!"

大灰狼在一旁称赞："006，聪明！"

黄狗警官往箱子里一看，发现里面没有竹雕项链，而有一把手枪："有枪！"

说时迟，那时快，狐狸迅速拿起手枪，对准黄狗警官："不许动！狼二弟，把装金币的箱子拿走！"

"好的！"大灰狼提起装金币的箱子，大步走出咖啡馆。

虎穴擒敌

黄狗警官着急地说："他们把金币抢走了，咱们快追吧！"

006一摆手："不必了！他们拿走的是一台无线电发射仪。"说完他从桌子下面拿出一个和大灰狼拿走的一模一样的箱子。

"装金币的箱子在这儿哪！"006说，"他带走的发射仪能不断地发射电波，我这儿有接收仪，随时知道他俩在什么地方。"

黄狗警官一竖大拇指："真酷！"

大灰狼提着箱子，和狐狸兴高采烈地往前走。

狐狸得意地把嘴一撇："哼，我以为006有多了不起，我略施小计，就把这笔巨款弄到手啦！"

"一个瘦猴，怎么能和大哥比哪？"大灰狼突然把箱子上下提了提，"咦，不对呀！这个箱子怎么这样轻啊？"

狐狸说："快打开看看！"

大灰狼打开箱子，发现里面一个金币也没有，只有一台无线电发射仪。

大灰狼失望地说："啊，里面没有金币，只有一台仪器！"

狐狸眉头紧皱："这是一台无线电发射仪，坏了，我们被006跟踪了。"

"咱们快把这个无线电发射仪扔了吧！"

"不。"狐狸恶狠狠地说,"咱俩来个将计就计,带着它躲进虎窝,让老虎去收拾他。"

大灰狼一拍屁股,蹿起了老高:"大哥的主意绝了!"

006 拿着接收仪和黄狗警官一直在后面紧追。黄狗警官抹了一把头上的汗,问:"他俩跑到哪儿去了?"

"仪器显示,狐狸他们就在前面。"

黄狗警官一挥手:"赶快追!"

他俩追着追着,就追到老虎洞前了。

006 看见了老虎洞,倒吸了一口凉气:"不好,狐狸钻进老虎洞里了。"

"啊?"黄狗警官也吓了一跳,"这只老虎外号叫'霸王虎',蛮不讲理。咱俩可要格外小心!"

突然"嗷——"的一声,老虎返回洞穴了。他指着 006 和黄狗警官喝道:"你们往里偷看什么?是不是想偷我的东西?"

006 解释说:"我们只是路过,随便看看。"

老虎疑心未消,瞪着两只灯笼般的大眼睛吼道:"谁敢惦记我的东西,我就把谁的脑袋拧下来!"

006 和黄狗警官互相看了一眼,黄狗警官吐了一下舌头:"霸王虎回来了,咱们不能硬闯啦!"

006 抬头,看见树上停着一只松鼠。006 说:"我来问问小松鼠。"

"小松鼠,你知道霸王虎什么时候不在家吗?"

松鼠皱了一下眉头,说:"我要查查记录本,看看他在什么时间段不出去。"

松鼠戴上眼镜,看着记录本念:"霸王虎每天 7 点到 9 点肯定不去爬山,9 点到 12 点不去玩水,13 点到 14 点不去酒吧,8 点到 10 点不去捕食,13 点到 14 点不去找母老虎。完了!"

黄狗警官急了:"你这是什么记录啊!只记霸王虎不去干什么事。"

松鼠把脖子一梗，斜眼看着黄狗警官："我就爱记老虎在什么时段不去哪儿，你爱听不听！"

黄狗警官火往上蹿："嘿，霸王虎门口的小松鼠也这么霸道！"

006赶紧出来打圆场："小松鼠说的这个情报也很重要，从中可以分析出，在哪个时间段霸王虎最有可能不在家。"

黄狗警官一脸怒气，问："这么乱，怎么分析啊？"

"可以先列张表。"006画了一张表，指着表说，"霸王虎每天7点到9点肯定不去爬山，在7点到9点这个时间段就有可能在家。在这张表上，把霸王虎可能在家的时间段画上'×'。根据小松鼠提供的情报，可以在表上画出许多'×'。"

	7—8点	8—9点	9—10点	10—11点	11—12点	12—13点	13—14点
爬山	×	×					
玩水			×	×	×		
去酒吧							×
捕食		×	×				
找母虎							×

006又说："凡是画'×'的时间段，可以肯定霸王虎不去参加某项活动，有可能在家。而没有画'×'的时间段，他最有可能不在家。"

黄狗警官指着表说："哎，我发现，12点到13点这个时间段没有画'×'。"

006说："这说明，12点到13点这个时间段，霸王虎最有可能不在家，在这个时间段进虎穴最保险。"

"咱俩就等这个时间进去。"说完黄狗警官和006躲在草丛里，等老虎从洞里出来。

林中血案

忽听"嗷——"一声吼,霸王虎蹿出了洞。他看了一下手表:"12点到了。该去泡酒吧喽!"说着"呼"的一声,带着一股山风走了。

006一摆手:"快,冲进去!"

"冲!"黄狗警官和006迅速冲进了虎穴。

此时,大灰狼和狐狸正躺在洞的深处休息。

大灰狼得意地说:"咱俩藏在这儿,绝对保险。006、黄狗警官拿咱们没辙!"

狐狸干笑了两声:"嘿嘿,006、黄狗警官敢来,霸王虎会把他们吃了!"

"哈哈……"两人大笑。

"不许动!举起手来!"黄狗警官用枪对准了大灰狼和狐狸。

狐狸先是一愣,接着就大喊:"霸王虎快来呀!006私闯虎穴啦!"

006迅速蹿了过去:"你叫也白叫,霸王虎去泡酒吧了,把你抢走的竹雕项链还回来吧!"说着从狐狸的脖子上拿下了竹雕项链。

"完了!"狐狸一屁股坐在了地上。

黄狗警官用枪一捅狐狸:"走,去警察局!"

狐狸哭丧着脸说:"真不想去呀!"

黄狗警官和006押着狐狸和大灰狼,走出了虎穴,押送到了警察局,把竹雕项链归还给了大熊猫。

一天,黄狗警官和006正在林中散步。

黄狗警官说:"解救大熊猫,夺回竹雕项链,006,你的功劳不小啊!"

"事情总算解决了,我也该休息了。"006刚要走,一只小山羊从左边跑来,一只老母鸡从右边飞来。

小山羊气急败坏地说:"黄狗警官,不好啦!杀人啦!我的弟弟被杀啦!"

老母鸡说话的声音都变了调:"我的 4 只小鸡被强盗吃啦!哇!"说完放声大哭。

黄狗警官冲 006 做了一个鬼脸:"哇! 006,看来你是休息不成啦!"

006 一挥手:"快去现场看看!"

他们先来到小山羊的家,看见地上有一摊血迹。

006 问小山羊:"说说发生命案的过程。"

小山羊咽了一口口水,定了定神:"我一早就出去打草,中午回来就看见地上这摊血,再找,弟弟不见了!我的好弟弟呀!呜——"

006 和黄狗警官在现场仔细察看凶手留下的痕迹,黄狗警官突然发现墙上用血写成的一个特殊符号。

黄狗警官叫道:"006,你看这是什么?"

006 走过来仔细地看了看:"像中国的八卦图,先把它照下来。""喀嚓!"006 用相机把这个符号照了下来。

006 对黄狗警官说:"这里检查完了,该去老母鸡家了。"

他俩刚要走,母兔带着哭声就跑来了:"006,我家也发生血案啦!我的一双儿女被坏蛋杀了!要替我的儿女报仇啊!"

"去看看!"006 和黄狗警官由母兔带着到了她的家,黄狗警官很快就发现,墙上也有一个用血写成的特殊符号。

黄狗警官用手一指:"看!这里也有一个八卦图!"

"照下来!"006 立刻照了相。

他俩又来到母鸡家,母鸡说:"我的 4 个儿女都没了,你们一定要抓住罪犯!"

黄狗警官往墙上一指:"这里发现了第三个特殊符号。"

黄狗警官问:"006,你说凶手为什么要留下这些符号呢?"

006 说:"我也正在思考这个问题,凶手留下这些特殊符号,看来是想告诉我们点什么。"

突然,母兔拿着一封信跑了进来:"006,我在门外捡到一封信。"

"快拿来看看。"006 打开信,信的内容是:

006:

　　你快把我狐狸大哥和大灰狼兄弟从监狱里放出来。我已经杀了 ☰ 只羊,☰ 只兔,☰ 只鸡。这是对你的警告!明天你必须在离小山羊家 ☰ 米处的广场,把我狐狸大哥和大灰狼兄弟放了,否则,我明天晚上将杀死 ☰ 只猴子!

　　　　　　　　　　　　　　　　　　　　杀人魔王

"好凶狠的罪犯!"黄狗警官说,"这个自称叫'杀人魔王'的罪犯,杀气十足,却一直不肯露面!"

"这个'杀人魔王'既然会画出这些特殊符号,说明他的智商不低。"006 说,"对这种罪犯只能智取,不能强攻。"

争抢钥匙

006 说:"咱们把他留下的 5 个特殊符号,分析一下。"说着,把 5 张照片一字排开放在了地上。

　　☰　　☰　　☰　　☰　　☰

006 说:"把它们放在一起,便于比较它们有哪些相同的地方,有哪些不同的地方。"

黄狗警官仔细观察了一会儿:"哎,我发现每个符号都是由 3 条连续

　　　　　　　　　　　　　　　　数学动物园　李毓佩
数学科普文集

的或中间断开的横线组成。"

006 分析说："你看，这里连续的横线的位置很有讲究，如果只有一条连续的横线，它在最上面时表示 1，它在中间时表示 2，它在最下面时则表示 4。"

黄狗警官问："这个符号，在它上面和中间各有一条连续的横线时，又表示多少？"

006 说："这个符号 $\equiv$ 应该表示 1+2＝3。"

"这么说，杀人魔王让咱们明天在离小山羊家 3 米处的广场，把狐狸放了。符号 $\equiv$ 一定表示 1+2+4＝7 也就是说，否则，他将杀死 7 只猴子！"黄狗警官回头问 006，"怎么办？放吧，等于放虎归山。不放吧，7 只猴子有生命危险。"

"放！咱们设个圈套，要引蛇出洞！"

"放？放了可就抓不回来了。"

006 说："哪能随便放？要大张旗鼓地放！"

黄狗警官吃惊地说："啊？还要大张旗鼓地放？"

"对！快准备好木栅栏，贴出告示，说明天上午 9 点在离小山羊家 3 米处的广场，释放狐狸和狼。"

006 可忙开了，他在广场上用木栅栏围成一个圆形场子，在 A、B 处各立了一根木桩，木桩上各有一个铁环。

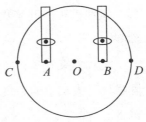

006 向黄狗警官介绍场子各部分的尺寸："这个圆形场子半径是 20 米，A 和 B 各在半径的中点。在 A、B 点各立了一根木桩，木桩上各有一个铁环。"

006 又拿出一条长绳："这条绳长是 30 米。我把绳子从两个铁环中穿过。再用两把锁，把狐狸锁在绳子靠 A 点的这端；把大灰狼锁在绳子靠 B 点的另一端。"

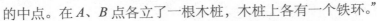

说着用两把锁，把狐狸和大灰狼各锁在绳子的一端。

006 又把钥匙挂在 C、D 点："我把开狐狸锁的钥匙挂在 C 点，把开狼锁的钥匙挂在 D 点。"

这时来看热闹的动物越聚越多，都想看看 006 怎样释放狐狸和大灰狼。

006 看人来得差不多了，就当众宣布："我正式宣布释放狐狸和大灰狼，锁要他们自己开。钥匙离他俩近在咫尺，谁能拿到钥匙，谁就可以打开锁，得到释放。现在开始拿钥匙！"

狐狸听说开始，抢先向 C 点的钥匙奔去："我得快去拿钥匙！"

几乎同时，大灰狼奔向了 D 点："哈，我张手就可以拿到钥匙！"

因为狐狸和大灰狼拴在同一根绳子上，大灰狼往前一跑，就把狐狸拉了回来。

狐狸感到奇怪："咦？我怎么离钥匙越来越远啦？我要拼命拿到钥匙！"狐狸用力向 C 点奔去，大灰狼被拉了回来。

大灰狼也感到奇怪："谁在拉我往回跑？"大灰狼回头，发现是狐狸在拉他。

大灰狼急了，指责狐狸说："我去拿钥匙，你为什么把我往回拉？"

狐狸也正一肚子火，他冲大灰狼叫道："是你拉我！怎么会是我拉你呢？"

大灰狼来气了："好，你不讲理，我就用力往前拉呀！哈，快拿到钥匙啦！"大灰狼的力气很大，他用力往前一拉绳子，就把狐狸拉到了木桩上。

狐狸大叫："哇！快把我拉进木桩里了。"

眼看大灰狼要够到钥匙了，黄狗警官有点紧张。他捅了 006 一下："006，你看！大灰狼快够到钥匙啦！"

006 摇摇头："没事，他够不着。"

"怎么够不到？绳长 30 米，而 AD 的距离恰好也是 30 米呀！"

"我在给他俩上锁时，把绳子两头各向里折了 0.1 米。差 0.2 米，大灰狼是够不到的。"

这时大灰狼和狐狸为了能先拿到钥匙，争吵起来。

大灰狼瞪着一对红红的大眼睛，叫道："你应该让我先拿到钥匙！"

狐狸把尾巴一甩："凭什么？我是大哥，我应该先拿到钥匙！"

"什么大哥不大哥的，不让我先拿到钥匙，我就咬死你！嗷——"大灰狼率先发起攻击。

"敢和大哥讲价钱？你不想活了？嗷——"狐狸也不示弱。

大灰狼和狐狸对骂了起来。

"好，骂得好！"

"玩命骂呀！"

006 和黄狗警官在一旁拍手叫好。

巧摆地雷阵

突然，一只戴着眼罩的独眼豹子跳进了场子。

豹子厉声喝道："住手！都什么时候啦？你们还自相残杀？"

狐狸看到独眼豹子，眼睛一亮："哇！豹子老弟来了，我们有救啦！快拿钥匙，把我的锁打开。"

006 眼睛一亮："哇！杀人魔王出现啦！"

黄狗警官吃惊地说："原来杀人魔王是独眼豹子。"

只见独眼豹子一蹿，就到了 C 点，伸手拿到了钥匙。

狐狸着急："豹子，快点！你快点给我打开锁呀！"

"大哥别着急，我这就给你打开锁。"说着独眼豹子给狐狸开锁。

可是独眼豹子就是打不开锁。

"哇呀呀——，我怎么打不开呀？"独眼豹子急得"哇哇"直叫。

这时006从腰间拿出一副手铐，边抖动手铐边说："独眼豹子，杀人魔王。你拿的那把钥匙是开我手里这副手铐的。你快把这副手铐打开，给自己戴上吧！省得我们费劲。"

"哇！上006的当了，快跑吧！"独眼豹子蹿出栅栏，落荒而逃。

狐狸大喊："豹子，别忘了把我俩救出去！"

独眼豹子跑得实在太快，一转眼就没影了，追是来不及了。

黄狗警官狠狠地跺了一下脚："独眼豹子是杀人魔王，他已经杀了7只动物了，不能放过他，一定要把他捉拿归案。"

"饶不了他！"

"怎么才能抓到他呢？"

006低头想了一下："咱们已经打完了第一场战，知道了杀人魔王就是独眼豹子。现在需要打第二场战。"

"这第二场战又该如何打？"黄狗警官对第二场战很感兴趣。

006小声说："独眼豹子一定会到监狱去救狐狸和狼，我给他摆个地雷阵。"

"地雷阵？好玩！"黄狗警官和006一起摆地雷阵。

天已经黑了，独眼豹子在监狱外窥探。

独眼豹子小声自言自语："我必须把狐狸大哥和大灰狼兄弟救出来！不然的话，人家该说我独眼豹子不讲义气了。"

独眼豹子的活动被看守监狱的熊警官看见了："啊，独眼豹子真来了，按着006的布置，我该装睡了。"

熊警官伸了一个懒腰："呵——真困哪！现在反正也没什么情况，不如我眯它一小觉！"

看守监狱的熊警官，抱着枪睡着了。

独眼豹子看到时机已到，直奔监狱的大门而去。

数 学 动 物 园 李毓佩
数学科普文集

跑到大门口，独眼豹子侧耳往里一听，里面"呼噜——呼噜——"，熊警官睡得正香。

"熊警官睡着了，我赶紧去救人！"独眼豹子刚想打开监狱门，突然监狱上方的探照灯"唰"的一声全亮了，几盏探照灯射出的强光，把独眼豹子罩在了中间。

"独眼豹子，你可好啊？"

独眼豹子定睛一看，006 和黄狗警官出现在眼前，再一看，熊警官也站了起来，端着枪，枪口对着自己。

独眼豹子大叫："哇，上当啦！"

006 笑嘻嘻地说："独眼豹子，我们等你好久了！"

独眼豹子"嘿嘿"冷笑了两声："我豹子可是短跑冠军，我要想逃，你们谁能追得上？"

"想逃？"006 不慌不忙地说，"你正站在一个地雷阵的中间，你要是乱走一步，就会踩上地雷。"

独眼豹子低头一看，发现自己站在了一个图形的中间。他紧张地说："啊！我陷入了地雷阵，应该怎样走才能出去？"

"出地雷阵不难。"006 说，"地雷阵短线上标有从 1 到 11 共 11 个数，你要把 0 到 11 这 12 个数填入圆圈中，使得短线上的每一个数都等于它两端圆圈内数之差。如果你能全部填对，就可以顺利走出地雷阵。"

"如果我填错了一个，就会踩上地雷？"

006点点头："对极啦！"

大蛇和夜明珠

"天哪！我从哪儿开始填哪？"独眼豹子战战兢兢地开始填数，"我的腿怎么直哆嗦呀？"

独眼豹子左填一个不对，右填一个也不对。不一会儿就满头大汗："我真的不会填哪！与其被地雷炸死，还不如当他们的俘虏呢！006，我投降！"说完独眼豹子高举双手投降。

006笑眯眯地说："识时务者为俊杰，投降就好！"

独眼豹子问："006，我应该如何填，才能填对？"

006说："关键是如何填好位于中心的两个数。其中一个填0最好，这时你在0的周围的圆圈中填几，线段上的数也就是几。此时你应该在0的周围选大数来填，即7到11。"

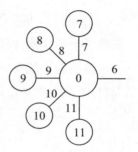

独眼豹子按着006说的方法填好了一半。

"嘿！知道了填的方法，填起来并不难！"独眼豹子又问，"剩下的一半怎么填？"

"自己去想！"

"自己想就自己想！"独眼豹子边说边填，"由于正中间的短线段上写着6，那边的圆圈已经填0了，这边的圆圈就要填6。没错，就是6！"

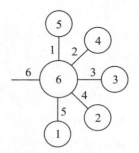

工夫不长，独眼豹子把另一半也填完了："哈！我填完了！"

独眼豹子高兴地在地雷阵里边跳边唱："我全

李毓佩
数学科普文集

填对了！啦啦啦——我可以走出地雷阵了！啦啦啦——"

006 亮出了手铐："独眼豹子，你既然投降了，快把手铐戴上吧！"

"戴手铐？"独眼豹子把独眼一瞪，"不，我可不戴那玩意儿，我还要逃走！"说完独眼豹子就要往外跑。

006 一弯腰，把地雷阵的 9 改成为 8："我把地雷阵中的 9 改成 8，让你逃！"

"快逃吧！"独眼豹子不顾一切，拼命往外跑。刚跑一步，"轰隆"一声地雷爆炸，把独眼豹子炸上了天。

独眼豹子在半空中还大叫："哇！我升天啦！"

在爆炸现场，黄狗警官高兴极了："哈，咱们把杀人魔王炸死喽！"

"独眼豹子真的炸死啦？"006 到处在找独眼豹子的尸体，"死了怎么不见他的尸体呢？"

黄狗警官摸了一下后脑壳："那准是把他炸成肉末了！"

006 非常严肃地说："不对，地上连点血迹都没有，独眼豹子一定是跑了，咱俩分头去追！"

再说独眼豹子被地雷炸上了高空，升到最高处又从天上掉了下来，正好砸在一团富有弹性的东西上。

独眼豹子大叫一声："哇，摔死我啦！"

独眼豹子低头一看，自己是砸在盘成一团的大蛇身上。

"呀，砸死我啦！"大蛇一看是独眼豹子砸他，怒火中烧，紧紧缠住独眼豹子，张口就要吞："你好大胆！敢砸我？我把你当作一顿美餐吃了吧！"

独眼豹子拼命挣扎，高喊："冤枉啊！我是被地雷炸到这儿的！"

大蛇不理这一套，张开血盆大口，对准独眼豹子的头，就要往肚子里吞。

"大蛇口下留情！"006 及时赶到，"独眼豹子是我们通缉的要犯，我们要把他捉拿归案。"

大蛇把脖子一梗："他砸了我，不能白砸呀！"

006问："你想怎么办？"

"嗯——"大蛇想了想，说："你若能帮我解决一个难题，我就把独眼豹子交给你。"

"说说看。"

"我妈临死前，留给我两箱夜明珠。这两箱夜明珠的数目都是三位数，其中一箱夜明珠数的个位数是4，另一箱夜明珠数的前两位是28，两箱夜明珠数以及夜明珠数之和恰好用到了0到9这十个数。我妈说，算不出这两箱夜明珠各有多少，这夜明珠就不归我。你能告诉我，这两箱夜明珠各有多少吗？"

大蛇刚说完，独眼豹子就抢着说："你真笨！打开箱子数数，不就全知道了嘛！"

大蛇把眼睛一瞪："我吞了你！如果我妈让我打开箱子数，我还用求别人！"

山羊转圈

006略微想了想："既然这里出现了10个不重复的数，那么两个箱子里的夜明珠数都是三位数，它们的和必然是四位数。不然的话，就凑不齐这10个数。"

大蛇点点头："说得对！"

006接着说："其中一箱夜明珠数的个位数是4，可以设这箱的夜明珠数为$AB4$。另一箱夜明珠数的前两位是28，可以设这箱的夜明珠数为$28C$。"

独眼豹子虽然被大蛇紧紧缠住，可是他的嘴却一点不闲着，他抢着

数学动物园 李毓佩
数学科普文集

说："可是和是个四位数，一个数字也不知道，你怎么办？"

大蛇把缠住独眼豹子的身子又紧了紧："独眼豹子，你死到临头了，还敢瞎说？"

独眼豹子立刻求饶："勒死我了，我不说了，我不说了。"

006 分析道："可以设和为 $DEFG$。这时就有：

$$
\begin{array}{r}
A\ B\ 4 \\
+\quad 2\ 8\ C \\
\hline
D\ E\ F\ G
\end{array}
$$

由于 D 是 A 加 2 进位得到的，D 只能是 1。"

独眼豹子说："没错，$D=1$。"说完就后悔了，他自言自语地说："你说我怎么就不能成为哑巴呢？"

大蛇狠狠瞪了独眼豹子一眼。

006 说："再来分析 A。由于 A 加 2 要进位，A 的值一定要大。又由于 8 已经用了，A 只可能取 7 和 9。"

独眼豹子插话："猴子，A 到底是取 7 呀，还是取 9？你得说准了呀！"

看来想不让独眼豹子说话是万万不可能的。

006 并不生独眼豹子的气，他回答说："A 不能取 9。因为当十位不往上进位时，如果 A 取 9，就有 $9+2=11$，D 和 E 要重复取到 1，这是不成的；当十位往上进位时，如果 A 取 9，就有 $9+2+1=12$，$E=2$，但是 2 已经在 $28C$ 中出现过了，又重复出现，也不成。"

独眼豹子立刻回答："那 A 一定取 7 了。"

"对，$A=7$。"006 说，"剩下就好求了。$E=0$，$B=6$，$F=5$，$C=9$，$G=3$。这时可以知道，一箱有 764 颗夜明珠，另一箱有 289 颗夜明珠。你总共有 1053 颗夜明珠。"

大蛇听说有这么多夜明珠，眼睛一亮："哇！我有一千多颗夜明珠，我是大富翁喽！"说着高兴地扭动身体，跳起了"金蛇狂舞"。

大蛇这么一跳，放松了对独眼豹子的缠绕，独眼豹子眼珠一转："此时不跑，更待何时？跑！""嗖"的一声跑了。

006 对大蛇说："你的夜明珠数我给算出来了，把独眼豹子交给我吧。"

大蛇低头一看："呀！我一高兴，让他跑了！"

正当大家不知该怎么办时，黄狗警官跑来报告信息："006，有人看见独眼豹子往东山跑了！"

听说东山，006 不禁"啊"了一声："东山的山洞极多，地势复杂，不好抓呀！"

黄狗警官紧握双拳："独眼豹子是杀人魔王，不好抓也得去抓，一定要把他抓住，绳之以法！"

大蛇也来气了："走，我和你们一起去抓这个坏蛋！"

006、大蛇和黄狗警官一溜小跑追赶独眼豹子，突然看见一只山羊在一个圆圈里乱转。

006 十分奇怪，回头问黄狗警官："你看那只山羊在圆圈里乱转，他在干什么？"

黄狗警官摇摇头："可能有精神病。"

听了黄狗警官的回答，山羊不高兴了："你才有精神病哪！我这是迫不得已，不转不成啊！"

黄狗警官问："谁让你转圈的？"

山羊无可奈何地说："是独眼豹子！我下山时刚好碰到他，他抓住我说，后面有人追他，现在没工夫吃我，说完在地上画了一个圆圈，又写了一圈 0 和 1。"

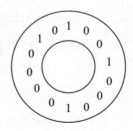

006 问："他让你在这个圆圈里乱转？"

李毓佩
数学科普文集

"不是。"山羊摇摇头，"独眼豹子对我说，我可以从任何一个数字开始，按顺时针或逆时针读一圈，依次读完全部数字。如果我能找出最大的数和最小的数，我就可以跳出圈逃走。找不出来，只能在圈里转，等他回来吃我！"

"真不讲理！"黄狗警官低头仔细看了一下地上的圈，"哎呀，这一圈有 14 个数哪！最大的数要多大呀？"

0 活了

006 指着圆圈说："这里面有规律。你要想找最大的数，就应该让数字 1 尽量往高位上靠。"

"噢！"黄狗警官明白了，"我看出来了！应该是 10100100010000。这个数是十万零一千零一亿零一万。"

山羊听到这个数，身体晃悠了两下："我的妈呀！这个大数看得我直晕！"

"对！"006 又问，"最小数呢？"

黄狗警官胸有成竹地说："找最小数，就应该让 1 尽量往低位上靠。最小数是 10000100010010。十万零一亿零一万零一十。"

"找到最大数和最小数，我该走了。"山羊跳出圈要走。

"慢！"006 拦住山羊，"你应该帮助我抓住这个杀人魔王。"

山羊问："我怎样帮助你？"

006 对山羊耳语："我让蛇盘成一个圆，然后在大圆圈边上充当一个 0，我和黄狗警官藏起来，然后你这样这样……"

"好，好！"山羊频频点头。

不一会儿，独眼豹子跑来了，他问山羊："你没有找到最大数和最小数吧？没找到就乖乖地让我吃吧，我饿极了。"

山羊把眼睛一瞪："谁说我没找到？最大的数是一百零一万零十亿零十万。"

听到这个数字，独眼豹子一愣："不对呀！你说的这个大数是 15 位，而我记得刚才写的是 14 个数啊！"山羊把头往上一扬："不信，你自己查一查呀！"

"嗯，我是要检查检查。"独眼豹子沿着圆圈，逐个检查这些数。

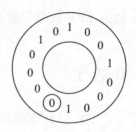

突然，独眼豹子发现了由蛇盘成的 0："嗯？这个 0 怎么这么大呀？"

山羊说："你在外面看着大，你要站在 0 里面看就不大了。"

"是吗？我站进去看看。"独眼豹子半信半疑站进了由蛇盘成的 0 里。

独眼豹子刚刚站进去，大蛇立刻把独眼豹子缠住。

大蛇说："我看你往哪儿跑！"

独眼豹子一看 0 变成了大蛇，知道自己上当了。他大叫："呀！这个大 0 是条蛇，我落入圈套啦！"

这时，006 和黄狗警官走了出来。

黄狗警官指着独眼豹子说："看你往哪儿跑！"

独眼豹子把嘴一撇，说："猴子设圈套让我钻，我不服！"

"你服也好，不服也好，先戴上手铐吧！"黄狗警官给独眼豹子戴上手铐。

006 说："你身上背着好几条人命哪！不服也要接受审判。"

独眼豹子提高了嗓门喊道："哼！我有一个人见人怕的铁哥们儿，他一定会来救我的！"

"先别吹你那个铁哥们儿，你现在要去监狱。走！"黄狗警官把独眼豹子押送进监狱。

006 冲独眼豹子摆摆手："我们等着你的铁哥们儿来救你。"

006 对黄狗警官说："你先去忙别的案子，我在这儿等他的铁哥们儿。"说完 006 加强了在监狱外面的巡视。

一连好几天没见什么动静，006 有些纳闷："我在这儿守候好几天了，独眼豹子的铁哥们儿怎么还不来？"

黄狗警官举着一封信急匆匆跑来："006，我在监狱的后门的门缝里，发现了一封寄给独眼豹子的信。"

"快给我看看。"006 接过了信，"这一定是独眼豹子的铁哥们儿的来信。"

黄狗警官催促："快打开看看。"

信的内容是：

亲爱的铁哥们儿——独眼豹哥：

听说你被 006 抓住，我将于 X 日 Y 点前去救你，如有可能，将狐狸大哥、狼兄弟一起救出。请你提前和狐狸大哥、狼兄弟串通好，做好准备。

你的铁哥们儿　鬣狗

黄狗警官摇摇头："这 XY 是哪日几时啊？"

006 翻过信纸，兴奋地说："这信的背面还有图哪。"

鬣狗劫狱

信的背面写着：

下面的两个立方体，是同一块立方体木块从不同方向看的结果。这块木块的六个面上分别写着 "2" "4" "8" "8" "X"

"Y"六个数字和字母。X 的数值在 X 的对面，Y 的数值在 Y 的
对面。

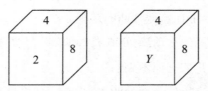

006 说："这 XY 的秘密就藏在这个木块中。"

黄狗警官皱起眉头："要转着圈看这块木块，还不转晕喽？"

"你仔细看，左图和右图有什么区别？"

黄狗警官仔细看了看："上面都是 4，右面都是 8。只是左图前面是
2，右图前面是 Y。"

黄狗警官认真地想了一会儿："上面、右面一样，可是前面不一样，
这不对呀！前面应该一样才对。这是怎么回事哪？噢——我想起来了，
这六个数中有两个 8。右边是 8，左面肯定也是 8，这样；Y 和 2 应该是
对面，Y＝2。"

"分析得对！"006 鼓励说，"接着分析。"

"六个面中，前、后、左、右、上都知道了，只有下面不知道，不用
问，下面肯定是 X，这样 X 和 4 是对面，X＝4。"黄狗警官高兴地说，
"这么说鬣狗要在 4 日半夜 2 点来劫狱。"

"来得好！我要让这个小鬣狗有来无回！"006 握紧右拳，用力地挥
了一下。

4 日半夜，夜深人静，在监狱外面鬣狗偷偷往监狱里看，监狱的窗
户上映出独眼豹子的影子。

鬣狗自言自语："哇！豹哥就在这个监狱里，我冲进去就可以把我的
铁哥们儿救出来。"

鬣狗刚想往监狱里冲，突然又停住了脚步："不成，006 很狡猾，别

_____ 数 学 动 物 园　李毓佩
数学科普文集

上他的当！我要仔细观察一下监狱大门的开法。"说完他就蹑手蹑脚走到监狱的大门外。

他看到监狱门上挂着金、银、铜、铁四把钥匙，下面有写着 1、2、3、4 标号的四个钥匙孔。

鬣狗吃了一惊："这个监狱大门可真怪呀！有四个钥匙孔，而金、银、铜、铁四把钥匙就挂在上面？这下面还有字。"

监狱的大门上写着：

> 用金、银、铜、铁四把钥匙，分别插入下面写着 1、2、3、4 标号的四个钥匙孔，可打开监狱的大门。具体用法是：1 号孔用银钥匙，2 号孔用银或铁钥匙，3 号孔用铜或铁钥匙，4 号孔用金或铜或铁钥匙。不过这具体用法中没有一个是对的。用钥匙开门吧！

鬣狗看完以后，只觉得脑袋一阵眩晕："我的妈呀！我都晕了！说得这么热闹，结果一个都不对，让我怎样去开这个门呀？"

独眼豹子在监狱里看到了鬣狗，他急得直跳："鬣狗，好兄弟，快打开门让我出去！一会儿 006 来了我就跑不了啦！"

鬣狗着急地说："我也急得很，可是我不知道用哪把钥匙开几号孔哪！"

独眼豹子催促："时间不等人啦，你就瞎碰吧！"

鬣狗也就顾不了那么多了，随便拿起一把钥匙就插进一个钥匙孔中。鬣狗只觉得脚下翻板一翻，"咕咚"掉进了陷阱里。

独眼豹子听见响声，还以为监狱打开了哪！他高兴地说："哈，门打开了！"

鬣狗在陷阱中高叫："不是监狱门打开了，是我脚下的陷阱开了，我掉下去喽！"

黄狗警官跑过来给鬣狗戴上手铐。

006 说："我要打开监狱门，把你也送进去！"

鬣狗摇晃着脑袋说："我倒要看看，你是怎么用这四把钥匙开门的？"

"你还挺好学的，来，我来告诉你如何用这四把钥匙。"006 说，"首先你要弄明白，这上面写的四种用法都是错误的。"

鬣狗生气地说："倒霉就倒霉在这儿啦！"

006 分析："这上面写着'4 号孔用金或铜或铁钥匙'显然不对，4 号孔必然要用银钥匙来开。"

鬣狗点点头："看来应该先从 4 号孔来分析。"

006 接着说："上面写的'3 号孔用铜或铁钥匙'是不对的，而银钥匙 4 号孔已经用了，3 号孔必然用金钥匙。"

"我也会了！"鬣狗开始分析，"上面写的'2 号孔用银或铁钥匙'肯定不对，而金钥匙被 3 号孔用了，2 号孔只能用铜钥匙。剩下的 1 号孔也只能用铁钥匙啦！"

006 点点头说："看来你鬣狗一点也不笨，就是不走正道。这样吧，你用这四把钥匙把监狱门打开吧！"

鬣狗高兴地拿过钥匙，1 号孔插进铁钥匙，2 号孔插进铜钥匙，3 号孔插进金钥匙，4 号孔插进银钥匙，四把钥匙插好以后，只听得"吱"的一声，监狱门打开了。

鬣狗非常兴奋："哈，钥匙用对了，开门很容易嘛！"

在监狱里狐狸、大灰狼、独眼豹子排成一排，欢迎鬣狗。他们异口同声说："欢迎鬣狗兄弟进监狱！"

鬣狗长叹了一声："唉！完了，哥们儿四个都进来了！"

数 学 动 物 园 李毓佩
数学科普文集

监狱暴动

在一间牢房里，狐狸、大灰狼、独眼豹子、鬣狗头碰头聚在一起，小声商量着什么。黄狗警官屏着呼吸在窗外监听。

大灰狼说话嗓门挺大："咱们哥们儿不能在这儿等死呀！应该想办法逃出去。"

"嘘——"狐狸压低了声音说，"小点声说话，墙外有耳！"

他们再商量就近乎耳语，黄狗警官听不清了。

"他们策划要逃出去，我要赶紧找006商量对策。"黄狗警官一溜烟地跑了。

找到006，黄狗警官着急地说："006，狐狸他们在商量如何越狱哪！"

"是吗？"006皱了一下眉头，"噢，我们必须知道他们的越狱计划。"

黄狗警官摇摇头："他们十分警觉，说话声音非常小，我听不清他们是如何商量的。"

"不要紧，我看中了一个山洞，稍加改动就可以做一个牢房。"006画了一个图。

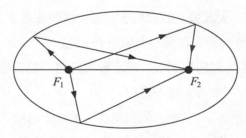

006指着图说："这个山洞是天然形成的椭圆形，椭圆有两个焦点 F_1 和 F_2，从一个焦点 F_1 发出的光或声音，都集中反射到另一个焦点 F_2 上去。"

黄狗警官不明白："椭圆形的山洞，有什么用处？"

006 解释："在这个焦点 F_1 处安放石桌、石凳，给他们一个密谋的场所。我们在另一个焦点 F_2 处可以清楚地监听到他们的谈话。"

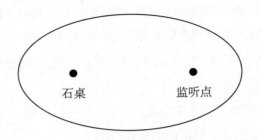

石桌   监听点

"好主意！我立刻去安排。"黄狗警官一溜烟似的跑了。

黄狗警官按 006 所说，把山洞里的石桌、石凳安放妥当，然后来到牢房对狐狸、大灰狼、独眼豹子、鬣狗说："你们这几天表现不错，给你们换一个好地方待待。"说完把他们 4 个押进了山洞。

走进山洞，独眼豹子环顾四周，点点头："这山洞不错啊！冬暖夏凉。"

狐狸压低声音说："这石桌、石凳太好了！咱们可以围坐石桌边，商量如何越狱。"

傍晚，狐狸、大灰狼、独眼豹子、鬣狗围坐在石桌旁秘密商量越狱的时间。006 和黄狗警官在另一个焦点 F_2 处监听。

狐狸说："明天是阴历初一，晚上没有月亮，咱们趁黑杀出去！"

大灰狼点头："全听大哥安排！"

黄狗警官听清楚了："噢，他们定在明天晚上越狱。"

第二天夜晚来临，山洞外一片漆黑，山洞里漆黑一片。黑暗中有 8 个亮点在闪动，那是这 4 个坏家伙的眼睛。

突然，大灰狼大喊了一声："时候到了，弟兄们冲啊！"大灰狼带头往外冲。

"冲啊！"鬣狗、狐狸、独眼豹子紧跟着冲了出来。

李毓佩
数学科普文集

他们冲出来一看，006 和黄狗警官带领几只熊警官正在山洞口等着他们哪！

006 笑着说："哈哈，我们在这儿等候多时了！"

熊警官们平端着枪，大喊："不许动！举起手来！"

4 个罪犯看这个架势，乖乖举起双手。

狐狸不明白，问："怪了！我们密谋的越狱时间，你 006 是怎么知道的？"

006 解释说："你们越狱失败，我也要让你们明白为什么失败。实际上是这个椭圆形的山洞帮了我们的忙。"

"山洞还能帮忙？"

006 把椭圆形山洞的奥秘给他们讲了一遍，4 个坏蛋恍然大悟，个个捶胸顿足，大骂椭圆坏了他们的事。

006 命熊警官把他们带到审讯室，开始审讯 4 个罪犯。

006 问："你们 4 个最初是谁出主意要越狱的？"

鬣狗抢着说："是大灰狼和狐狸中的一个出的主意。"

独眼豹子指着狐狸说："就是狐狸出的主意。"

大灰狼把狼眼向上一翻："反正我没出主意。"

狐狸面红耳赤："我才没出这个主意哪！"

黄狗警官小声问 006："没人承认，怎么办？"

006 一指大灰狼："大灰狼！老实交代，你们 4 个人中有几个人说了实话？"

大灰狼不敢怠慢："我向上帝保证，有 3 个人说了实话，只有一人说了谎话。"

006 用手一指狐狸："出主意的一定是你狐狸！"

狐狸一听出主意的是他，立刻又蹦又跳："冤枉呀！我狐狸确实爱出个主意什么的，可也不能一出什么事就赖我呀！006，说话要有证据，你凭什么说是我出的主意？"

"我会让你心服口服的。"006 说，"假设独眼豹子说的是谎话，就是说你狐狸没有出主意。"

狐狸高兴地点点头："唉，这就对了！"

006 向前跨了一步："可是你们 4 个人中只有一人说谎，那么鬣狗和大灰狼说的都是真话。鬣狗说是大灰狼和狐狸之中的一个出的主意，而大灰狼说他没出主意，把他们两个人的话综合在一起，就说明是你出的主意。这样一来，与你狐狸没有出主意矛盾。"

狐狸把双手一摊："这矛盾又能说明什么呢？"

"说明我们假设独眼豹子说谎是错的，独眼豹子说的是真话。"006 又往前跨了一步，"狐狸，我问你，独眼豹子是怎么说的？"

狐狸摸了一下脑袋："独眼豹子说主意是我出的。啊，是独眼豹子把我出卖了，我和你拼了！"

黄狗警官眼明手快，一把揪住了狐狸，飞快地给他戴上了手铐："狐狸，老实点！你是策划越狱的主谋，你是罪魁祸首！"

"哇！完了！"狐狸身子一软，瘫倒在地上。

不久，法院召开宣判大会。大法官进行宣判："我宣判：判处狐狸死刑，立即执行。大灰狼和独眼豹子均判无期徒刑，判处鬣狗 10 年有期徒刑。现把狐狸押赴刑场，执行枪决！"

两名熊警官架起狐狸就往外走。

狐狸长叹了一声："咳！我斗不过 006！"

李毓佩
数学科普文集

8. 数学司令

司令出征

　　动物学校里举行数学竞赛，牛牛碰巧得了第一名。这可是破天荒的事儿！虽说牛牛数学成绩不错，但因为有些粗心，总是与第一名无缘。他能得第一，其实还有一个原因：数学冠军去参加国际小学生数学奥林匹克竞赛了。不然，这第一名怎么也轮不上牛牛呀！牛牛对此虽然心知肚明，但那股神气劲儿还是抑制不住。

　　牛牛双手举着奖状，在校园里边走边喊："瞧见没有？第一名！谁想学好数学就得跟我走。是我的兵跟我走……"

　　一只小松鼠拦住他问："我们是兵，那你是什么？"

　　牛牛一拍胸脯："你们是兵，我当然是司令喽。"就这样，"数学司令"的名字传开了。

七七国王有请

天刚蒙蒙亮。屋外忽然传来汽车喇叭声，紧接着有人敲门。

"是谁呀？这么早就来敲门。"牛牛揉着惺忪的眼睛，打开门一看，是一名披挂整齐的年轻军官。他向牛牛行了个军礼，然后庄重地说："司令官阁下，七七国王派我来请您去参加一次紧急军事会议。"

"七七国王请我参加紧急军事会议？"牛牛弄不明白这是怎么回事。可军官一个劲儿催促牛牛起程，牛牛没办法，只好跟着他出门，上了停在门口的一辆汽车。

不知开了多长时间，汽车在一座豪华的宫殿前停下了。军官先下车，向宫殿里大声喊道："数学司令到！"宫殿里立刻钟鼓齐鸣，走出一文一武两列官员，官员最中间是一个身穿皇袍、头顶皇冠的胖老头，不用问，他就是七七国王了。

七七国王上前握住牛牛的手，说："司令官阁下，一路辛苦了，请进。"说着把牛牛领进了宫殿。国王在正中的宝座上坐定，牛牛紧挨着国王坐下，其他官员分列站在两旁。

七七国王首先讲话，他说："今天能把大名鼎鼎的数学司令请来，真是我们七七王国莫大的荣幸……下面欢迎数学司令讲话。"官员们噼里啪啦地使劲鼓掌。

"这个……"牛牛站起来，心怦怦乱跳，声音颤抖地说，"我不是会打仗的司令官，我是自封的数学司令。我只喜欢数学，对打仗可一窍不通！"

"哈哈，喜欢数学，那太好了！"七七国王高兴地站了起来。

一个留白胡子的大臣夸奖说："你们听，数学司令多谦虚，准是个能征善战的指挥官！"

七七国王庄严地下达命令："我任命数学司令为我们七七王国的司令

官，带领 777 名士兵立即出征八八王国，夺回被他们侵占的土地，为捍卫我们七七王国的领土完整而战斗！"下面众大臣齐声高呼："七七国王万岁！"

牛牛心想：这七七、八八的，真绕口！

七七国王又把接牛牛来的小七军官拉到身边，当众宣布，任命他为新司令的副官。

"没想到，我还有个副官，真够气派！"牛牛心里开始有点得意。

小七副官给牛牛捧来一套司令服。牛牛穿戴好，对着镜子一照，嘿，还真神气！小七副官又给牛牛挎上指挥刀，佩上手枪，胸前再挂上一架望远镜。呀，这可是真正的司令啊！

牛牛在小七副官的带领下，辞别了国王，昂首挺胸，迈着大步，直奔军营而去。

新官上任

牛牛走进军营，看见 777 名士兵早就在操场上排成了一横排，队伍显得老长老长。

牛牛走上指挥台，向下扫了一眼，不满意地说："排成这么长的队伍，我讲话你们听得见吗？"

小七副官说："司令官阁下，我们只会这一种排法。"

牛牛一挥手，说："不成！让他们排成一个长方形的队列。"

"这 777 名士兵怎样排呀？"小七副官抓耳挠腮，想不出办法。

牛牛不以为然地说："哼，这还不容易？让他们 111 人一行，一共排7 行。这是最简单的排法！"

"是。"小七副官赶紧按牛牛的命令，把士兵排好。小七副官小声对牛牛说："司令官，这队伍是不是还太长？能不能再设法排短一些？"

李毓佩
数学科普文集

"这好办。"牛牛又下命令,"可以排成 37 人一行,共 21 行。"

小七副官把队伍重新排列,果然队形显得紧凑了。

牛牛慷慨激昂地说:"为了夺回被八八王国侵占的土地,全体士兵向八八王国进军,立即出发!"牛牛一声令下,队伍马上开始前往前线。

小七副官和牛牛走在队伍的后面。小七副官说:"司令官,您真厉害!您一眼就能看出队伍可以排成什么样的队形,我怎么排不出来呢?"

牛牛得意地说:"这很容易嘛。777 人可以排成 7 排,是因为 777 这个数可以被 7 整除。你说队伍长,我看出 111 还可以被 3 整除。"

"您怎么看出来的?"

"判断一个数能不能被 3 整除,只要看看这个数的各位数字之和能不能被 3 整除就可以了。"

小七副官摇摇头说:"不明白。"

牛牛说:"比如 777 这个数,它的个位数、十位数、百位数上的数字都是 7。把这三个 7 相加,7+7+7=21,21 能被 3 整除,因此 777 也可以被 3 整除。"

小七副官挺好学:"这是什么道理?"

"道理嘛……"这个道理,牛牛记得老师上课时讲过,可当时回家没复习,现在可记不起来了。牛牛硬着头皮说:"这个道理嘛,很难,我讲出来怕你也听不懂。你会用就成了。"

牛牛怕小七副官再追问下去,赶紧提了个问题:"这七七王国中的'七七',究竟是什么意思?"

小七副官说:"我们国王特别喜欢数字 7,国家成立时就起名'七七王国'。如果写成阿拉伯数字,它就是 77,也就是七十七了。国王希望自己能活到七十七岁。"

"真有意思。"牛牛和小七副官一边聊,一边加快脚步往前线赶。前线的气氛十分紧张，七七王国和八八王国的军队都挖了战壕，修筑了工事。

小七副官请教道："司令官，咱们是怎么个打法？"

"怎么打？"牛牛心里直犯嘀咕，他哪里会打仗呀？他的军事知识，无非是从电影里看了点；战斗经验，也无非是和同学玩打仗游戏时学了点，这够用吗？

战场上，777 双眼睛都在看着自己，不能再犹豫了。牛牛抽出战刀向空中一举，大喊一声："弟兄们，跟我冲！" 777 名士兵跟在牛牛后面，一窝蜂似的冲了上去。

八八王国的士兵开枪了，子弹密集地扫射过来，有几名士兵受伤倒下。小七副官拉住牛牛的衣襟，说："司令，这样硬冲不成，要研究研究再打。"

三路包抄

牛牛问小七副官："你看我们怎样打才好？"

小七副官指着八八王国的阵地说："敌人的正面火力太强，不能从正面硬攻。我们要把军队分成三股，一股从正面佯攻，另外两股从左右包抄。"

"好主意！"牛牛拍着小七副官说，"把 777 名士兵平均分成三部分，这是可以分的，每个部分是 259 人。"

"不，不，不能这样分。正面佯攻的人数要少。应该把主要兵力放在左右两部分上。"小七副官毕竟是军人，打仗的经验要比牛牛丰富多了。

牛牛一想，也对，就问："你说说怎样分更好？"

小七副官想了想，说："777 名士兵能分成多少份？"

牛牛思索了一下："根据分解质数的方法，777 能分成 7 份，能分成

3 份，还能分成 37 份。"

小七副官问："司令，你怎么知道能分成这么多份呢？"

一声"司令"叫得牛牛心里挺高兴，他"唰"的拔出指挥刀，用刀尖在地上写着："用短除就能把所有可能分的份数求出来。你看，左边的除数和下面的商数，不正好是 7、3 和 37 吗？"

$$
\begin{array}{r}
7\,\overline{\smash{)}\,777} \\
3\,\overline{\smash{)}\,111} \\
37
\end{array}
$$

小七副官问："为什么除到 37，你就不往下除了呢？"

牛牛解释说："37 只能被 1 和它本身整除，不能被其他数整除了。像这样的数，数学上称它为质数或素数。"

"噢，是这么个道理。"小七副官点点头，说，"把士兵分成 7 份吧！其中 3 份攻左路，3 份攻右路，1 份从正面佯攻。"

"左边 333 人，右边 333 人，中间 111 人。"牛牛只管算算数，其他由小七副官来布置。

小七副官先安排好从左右进攻的士兵，再把留下的 111 名士兵分成 37 人一排，一共 3 排。第一排每个士兵拿一个大喇叭，第二排每个士兵拿枪，第三排每个士兵拿一面大旗。牛牛搞不懂小七副官葫芦里卖的什么药。

小七副官拔出战刀向上一举，示意大家向前冲。第一排士兵拿着大喇叭高喊："冲啊！冲啊！"接着第二排士兵向八八王国军队开枪射击，第三排士兵挥动手中的大旗。喊声、枪声连成一片。八八王国的军队果然上了当，把枪口一齐对准这里猛烈地射击。

牛牛高兴得直拍手："小七副官真有两下子！"

小七副官表情严肃，拿过信号枪向空中一连打了三颗信号弹。"冲啊！杀啊！"这时，两支部队忽然从八八王国军队的左右两侧杀出来。

八八王国的军队被这三支部队吓傻了，搞不清到底来了多少七七王国的士兵。只听八八王国的司令官喊了声"快撤"，士兵们立刻放弃阵地，抱头就逃。

这一仗，七七王国大获全胜，士兵们向司令官牛牛欢呼致意，牛牛得意地把头一歪："这叫作三路包抄！"

宴会上的难题

牛牛打了胜仗，七七王国倾城出动，还在城门口搭起漂亮的牌楼，牌楼上写着"欢迎司令官得胜归来"。皇家乐队奏起欢迎曲，"噼里啪啦"的鞭炮声震耳欲聋……

七七国王亲自出城迎接。牛牛受到这么多人的欢迎，心里别提多高兴了。他昂首挺胸，左手握住刀柄，迈着正步走进城。

七七国王在王宫举行盛大的宴会，欢迎牛牛，文武百官都来作陪。

七七国王先发表祝酒词，他说："多少年来，八八王国仗着比我们七七王国大十一，总是欺负我们。仗打了好多次，可我们总是被打败。现在我们有了司令官，总算出了这口气，打了大胜仗！我提议大家为新任司令官干杯！"

牛牛哪会喝酒啊，他用汽水装装样子。

喝过一阵子酒，牛牛对国王说："88 比 77 多 11，这也不是欺负人的理由啊？"

牛牛的这个问题使七七国王有点激动。他站起来说："有一次八八国王给我来了一封信，说一个国家的名字要和这个国家的富有程度一致。不论人力还是财力，八八王国都比七七王国强很多，而现在'88'只比'77'多 11，这很不相称。"

牛牛忍不住问："他们想怎么办呢？"

七七国王围着桌子转了一圈，说："八八国王要求我们把 77 减小一点，把减掉的数加在 88 上，使得他们新国名的数字恰恰是我国新国名的数字的两倍。"

　　"真不讲道理！"牛牛觉得八八国王实在蛮不讲理。

　　"对这种无理要求，我当时就回绝了。"七七国王说，"不过，到目前为止，我们也没算出来，八八国王究竟叫我们减少多少数。司令精通数学，能不能帮忙算算？这可是个难题呀！"

　　"当然可以，我马上就算。"说着，牛牛拿出纸和笔，趴在桌子上边写边讲，"八八国王要求把从 77 上减下来的数加到 88 上。不管减掉多少，77 加 88 的和是不会变的。"

　　七七国王一边琢磨，一边说："77 少的正是 88 多的，可是加在一起还是 77 加 88 得到的这个数，对，是这么回事！"

　　牛牛接着往下讲："77 加 88 等于 165。把 165 分成 3 份，他们占其中的 2 份，你们占其中的 1 份。这样一来，他们不就是你们的 2 倍了吗？一个是 55，另一个是 110。"

　　七七国王恍然大悟，他拍了拍前额，说："对，对，把 77、88 加在一起，再分成 3 份，一下子就解决了。之前我们总想把 77 减下的数算出来，可是怎么也算不对。"

　　小七副官在一旁说："司令果然智力超群。"

　　七七国王说："叫我们改名为五五王国，'无无'啥也没有，多么不吉利的名字。再说，八八王国改名为一一〇王国，叫起来也不顺口呀！"

　　大家谈得正高兴的时候，一个士兵忽然跑过来，向七七国王报告说："八八王国派来了一头巨大的怪兽，专门吞食我们的士兵。"文武百官听了大惊失色。

　　七七国王对牛牛说："请司令官带兵前去消灭怪兽！"牛牛两只鞋跟一碰，行了个军礼，大声答道："是！"

智斗怪兽

牛牛和小七副官带兵出了城，看见怪兽正在追赶人群。这头怪兽的长相十分吓人：身体有三层楼高，外皮呈红色，大头大嘴。

牛牛心里十分害怕，可他想：自己是司令官，不能在士兵面前表现出怯懦。于是，他咳嗽了两声，装作若无其事的样子说："哪位勇敢的士兵，敢于和怪兽战斗？"话音刚落，一大排士兵"呼啦啦"站出来，争着要去。

牛牛很高兴，亲自挑选了 11 名披挂整齐的士兵，他们手里拿着装有刺刀的步枪，腰上挂满了手榴弹。牛牛一声令下，士兵们齐声呐喊朝怪兽冲去。霎时间，嗒嗒的枪声、轰轰的手榴弹爆炸声混成一片。奇怪的是，一阵硝烟过后，怪兽纹丝未动。突然，怪兽大吼一声，连踢带咬，把 11 名士兵都打跑了。

"好厉害！"牛牛心里更加害怕。小七副官又派出 35 名士兵，没想到怪兽大嘴一张，把 35 名士兵都吞进了肚里。

牛牛把兵力增加到 45 名，依然被怪兽打败；小七副官再派 77 名士兵，全部被怪兽一口吞掉。

牛牛为难了。他挠着脑袋想了半天，忽然"扑哧"一声乐了。小七副官觉得莫名其妙："司令，咱们连打败仗，你怎么还乐了？"

牛牛笑着说："你说这事儿多怪呀！我派去的士兵都被打败，你派去的士兵都被吞掉。难道这个怪兽知道是谁派的兵？"

"是有点怪！"小七副官也觉得这件事新鲜。

牛牛低头琢磨了好一阵子，灵机一动，说："会不会和派出去士兵的数目有关？我先后派出的士兵数是 11 和 45，你派出的士兵数是 35 和 77，这里面会不会有什么学问啊？"

小七副官点点头，说："哎——是值得研究。"

"先研究一下 11 和 45 这两个数。11 是质数，45＝3×3×5，它含有 3，5，9 这三个因数。我派出去的士兵它不吃，说明什么呢？"牛牛提出问题。

小七副官说："说明怪兽不吃士兵数含有因数 3，5，9，11 的队伍。"

"不对，不对。"牛牛摇摇头说，"77 也含有因数 11 呀，它为什么又吃呢？"

"这个……"小七副官答不上来了。

牛牛分析说："这只能说明，这些数中含有因数 3，5，9，11，但这并不是怪兽不吞掉他们的原因。"

小七副官急着问："那原因是什么呢？"

"那只有从 35 和 77 这两个数中去找了。35＝5×7，77＝11×7。"牛牛忽然高兴地说，"我找到原因了！你派出的士兵数都含有因数 7。怪兽遇到含因数 7 的就会吞吃。"

"这可怎么办？"小七副官发愁了。

牛牛说："任何东西，有所长必有所短，怪兽也一定有它害怕的数目。"

小七副官跺跺脚，说："我知道啦！这头怪兽是从八八王国来的，当士兵数含有因数 7 时，它就会吞掉士兵，说明它是专来对付我们七七王国的。"

牛牛一听，觉得有理，忙问："你说怎么办？"

小七副官说："怪兽一定害怕含有因数 8 的数字，咱们派出的士兵数让它含有因数 8，我想就一定能够打败它。"

"试试看。"牛牛立刻派人去向国王求援，要求再增加士兵。不一会儿，援兵到了。牛牛把士兵按人数分成 8 人、88 人、888 人三个战斗队，一齐向怪兽进攻。

牛牛安排 8 人小分队为前导，88 人分队为中路，888 人分队作为压后大军。鼓乐伴奏下，士兵们排成 8 人一排，平端着枪，迈着整齐的步伐向怪兽冲去。

果然，怪兽被这么多个 8 吓坏了，转身就逃。"开枪！"牛牛一声令下，无数发枪弹一齐向怪兽射去。突然一声巨响，怪兽的后背炸开了，弹簧、铁钉、电子元件撒了一地。啊，原来怪兽是八八王国制造的机器兽！

牛牛和小七副官拥抱在一起，手舞足蹈，别提有多高兴了。

更奇怪的事发生了：112 名七七王国的士兵从机器怪兽的残骸里走了出来，35＋77＝112，这正好是被怪兽吞掉的士兵数。

牛牛整理好队伍，又一次凯旋。

司令出丑

八八国王不甘心失败，他特地派出八八王国最聪明的武官小八上尉，向七七王国下战书，顺便弄清七七王国接连打胜仗的诀窍。

小八上尉人聪明，反应快，数学也很好，八八国王很器重他。他接到下战书的任务后，立刻骑上一匹枣红马，直奔七七王国而来。他的卫兵骑着一匹白马，紧跟在后面。

七七国王亲自召见小八上尉。小八上尉先向七七国王行了一个军礼，双手把战书呈上。七七国王接过战书一看，原来是八八国王约他三天后在两国边境进行一场决战。

七七国王看罢战书，点了点头，说："我应战！过去我们七七王国缺少一个司令，无人领兵，结果每战必败。"他站起身来，右手握紧拳头，说，"现在不同了，我们有新上任的司令，打一仗胜一仗！"

小八上尉说："我想见见贵国的司令，可以吗？"

"当然可以。"七七国王说，"请司令来一下。"士兵赶紧去请牛牛。

　　　　　　　　　　　　　　　　　数 学 动 物 园　李毓佩
数学科普文集

不一会儿，牛牛迈着标准的军人步伐走进王宫，和小八上尉面对面地互相端详了好一阵子。

牛牛心想：哪儿来这么个年轻的军官？

小八上尉很有礼貌地向牛牛行了个军礼，然后一字一顿地说："尊敬的司令，您带兵采用三面包抄的战术，攻占了我方的前沿阵地，说明您很会打仗。"

牛牛得意地点点头，说："嗯，你说得不错。"

小八上尉又说："您又打败了机器怪兽，说明您的数学不错。"

牛牛把头向上一仰，说："嗯，你说得很对。"

小八上尉眼珠一转，说："我有两个问题，想请教司令阁下。"

"有问题你只管说。"牛牛一屁股坐到了椅子上，跷起二郎腿，一副自命不凡的样子。

小八上尉瞟了牛牛一眼，说："这次我和我的卫兵从八八国王的王宫出发，直奔这里。他的马跑得慢，每小时跑 30 千米，而我的马每小时能跑 45 千米。出发 2 小时后，我发现忘记带战书了。我又返回八八国王宫，取回了战书，我和我的卫兵同时到达这里。请问，两座王宫相距多远？"

"这个……"牛牛一听，这个问题挺复杂呀！不过，自己已将大话说出口，只好硬着头皮充好汉。

按理说牛牛很聪明，数学根底也不错，做这道题目应该不成问题。可今天不知怎么的，也许是被小八上尉的几句话捧晕了，牛牛对着这道题只是发愣，就是想不出解法来。

七七国王着急了，在一旁小声催促说："司令，你快点算哪！"

"这就算，这就算。"牛牛一边答应着，一边口算，"你的马 1 小时能跑 45 千米，2 小时就是 90 千米。你回王宫取战书用了 2 个小时，这 2 个小时你的卫兵继续往前走，走了 $30 \times 2 = 60$（千米）。"算到这儿，牛牛心里好像有底了。

牛牛接着说："你和你的卫兵同时到达这里，说明你在整个路程中，又追回了相差的 60 千米。你整段路程所用的时间等于 $\frac{60}{45-30}=4$（小时），这样，很容易算出两座王宫的距离为 $45\times4=180$（千米）。"说完，牛牛身子往后一仰，等着大家拍手叫好。

等了一会儿，一点儿动静也没有。怎么回事？牛牛往四周一看，大家都瞪着眼睛看着他。小八上尉的嘴角更是挂着轻蔑的微笑。

小七副官用手轻轻推了一下牛牛，小声说："不对，这段距离不是 180 千米。"

牛牛仔细一想：是错了！咳！我怎么这么粗心哪！小八上尉走出 2 小时后再返回，一来一回一共花了 4 小时，这样算来最后结果应该是 360 千米。

牛牛刚想改正过来，小八上尉已经抢先说话了。小八上尉话里有话："司令不愧为数学司令，硬是把两座王宫的距离缩短了一半，佩服，佩服！"几句话说得牛牛满脸通红。

小八上尉又提出一个问题："如果三天后我军被贵军打败，逃回国内，司令将采取什么军事行动？"

牛牛不假思索，脱口而出："我将一追到底！"牛牛心想：这次我的回答可够气派吧？没想到从七七国王到小七副官，个个都皱眉摇头。

小八上尉哈哈大笑，点点头说："司令果然才能出众，我们三天后再见。"说完，他将两个鞋后跟用力一碰，行了个军礼，掉头就走。

七七国王对牛牛说："我说司令啊，你怎么能一追到底呢？"

牛牛眨了眨眼睛，问："为什么不能追？"

七七国王说："'穷寇莫追'，这是军事常识啊！"牛牛心想：我哪里学过军事呢？

　李毓佩
　　　　　　　　　　　　　　　　　　　　　　　　　　数学科普文集

操练军队

小八上尉离开了七七王国，飞马直奔八八国王宫。

小八上尉一走进王宫，就仰面大笑。八八国王问："什么事情让你这样高兴？"

小八上尉说："我以为这个数学司令是位什么了不起的人物呢，原来是个大草包！"

"怎么回事？"八八国王还是没弄懂。

小八上尉把他如何考牛牛的事说了一遍。在场的文武官员听了也都哈哈大笑，八八国王都笑出了眼泪。

唯独八八王国的司令官老八将军没笑，他严肃地说："咱们不要笑得太早，小心上当！"

八八国王擦了把眼泪，问："这是什么意思？"

老八将军说："数学司令带兵攻占了我们的前沿阵地，又打坏了我们的机器怪兽，这都是事实，不会假吧？怎么能凭两个问题，就说人家是草包呢？"

小八上尉不服气，大声说："我亲自和他打的交道，我了解的情况一点儿也不会错！数学司令就是一个既不懂军事，又不懂数学的大笨蛋！我看是老八将军你打了两次败仗，被数学司令吓坏了吧？"

八八国王听了小八的话，觉得有道理，他大声说："我看老八将军年纪太大，不宜再当司令官了。我现在任命小八上尉为新任司令官，接替老八将军指挥全军！"

话分两头，再说说七七王国。这时七七国王正在王宫里召开紧急会议，商量三天后的大战如何进行。

小七副官说："司令虽然答错了两个题目，但也是好事，可以麻痹敌人。"

"对！"七七国王站起来说，"八八王国如果低估了咱们司令的数学才能，他们还要吃败仗。关键是我们要设计出一种新的阵势，叫他们摸不着门儿。"

牛牛低头琢磨了半天，忽然说："走，咱们到操场上操练军队去！"

操场上搭起了高高的指挥台，七七国王和文武百官在台上坐好，牛牛手拿令旗站在台中央，小七副官在牛牛的右侧站好。台下的士兵排列整齐，刀光闪闪，军旗飘扬。

牛牛把令旗一举，高喊："先操练三角阵。开始！"牛牛一声令下，士兵列队从指挥台前走过。

一名士兵走在最前面，举着战旗，接下去是由 3 名士兵、6 名士兵、10 名士兵、15 名士兵……组成的一个比一个大的三角形队列。士兵步伐一致，队形整齐，煞是好看。

七七国王点点头，问牛牛："这每个三角形的人数有什么规律没有？"

"有啊！"牛牛指着队伍说，"第一个三角形队有 3 个人，比前面举旗的 1 个人多 2 个人；第二个三角形队比第一个三角形队多 3 个人；第三个三角形队又比第二个三角形队多 4 个人。它们是按着 2，3，4，5，6，…的规律增加的。"

"有点意思。"七七国王高兴地捋着胡子说，"真不愧是数学司令，连操练队形都是按照数学规律办。"

七七国王的几句话，说得牛牛心里美滋滋的。牛牛又把令旗一举，大喊："改换成正方形队列！"

话音刚落，只见第一个举旗的士兵，往后一撒，并入第一个三角形队列，使三角形队列变成由 4 名士兵组成的正方形队列；而第二个三角形队列的士兵并入第三个三角形队列，使其变为由 16 名士兵组成的正方

数学动物园 李毓佩
数学科普文集

形队列。

一个比一个大的正方形队列在指挥台前通过，七七国王乐得不断地向士兵们招手。

七七国王问："司令官阁下，怎么两个相邻的三角形队列一合并，就出来了一个正方形队列呢？"

牛牛回答道："刚才的三角形队列中，任意两个相邻的三角形合并，一定能构成一个正方形。"

"有这种事？"七七国王半信半疑。

"我具体写一写，您就清楚了。"牛牛在纸上写出：

$$1+3=4=2\times2$$
$$3+6=9=3\times3$$
$$6+10=16=4\times4$$
$$10+15=25=5\times5$$

"妙！妙！"七七国王连声称好。

"还有更妙的呢！"牛牛一举令旗，说，"拆成三角形队列！"每个正方形队列都分离成两个三角形队列。

七七国王说："这种队列分开是三角形，合起来又是正方形。能分能合，进可以攻，退可以守，虚虚实实，真真假假，使敌人捉摸不定，必

可取胜！"

文武百官也竖起大拇指，称赞司令这套数学阵势变化莫测，绝妙无比。

捉拿间谍

牛牛在操场操练军队，引来许多人看热闹。人群中，一个戴着鸭舌帽、身材消瘦的中年人，一边看操练，一边偷偷地在记着什么。这一切全被小七副官看在眼里。

牛牛的操练刚刚结束，小七副官站在台上大喊："观看操练的市民们，请不要走。你们当中混进了一个可疑的人！"

"可疑的人？他在哪儿？""谁是可疑的人？我怎么没看见？"人群一阵骚乱。

小七副官急忙跑下指挥台，可那戴鸭舌帽的人已经无影无踪了。

七七国王很重视这件事，他说："看来这个戴鸭舌帽的人，很可能是八八王国派来的间谍。他是来探听我们军事机密的，必须把他捉住。"

"好个间谍，我要亲手把他捉住！"牛牛气得涨红了脸。七七国王当即命令牛牛和小七副官去捉拿间谍。

牛牛对小七副官说："七七王国这么大，咱们到哪儿去捉他呀？"

"嗯……"小七副官想了一下，说，"这也不难，我们七七王国的居民都喜欢数字7。间谍既然是从八八王国来的，他必然喜欢8而不喜欢7。咱们从这点下手，就一定能把这个间谍捉住。"

牛牛一听，高兴得跳起来，他拍了一下小七副官，说："好主意！就这样办！"

牛牛和小七副官带上武器，一前一后来到了集市。集市上，商店一家挨一家，行人熙熙攘攘，还挺热闹。

牛牛仔细看了一下各商店的招牌，发现上面都带有"七"。比如"七七旅店""七美理发店""七珍餐厅""七满意百货公司"……牛牛心里暗想：真难为他们，每个商店名都是与"七"有关的名字。

小七副官带着牛牛来到一家小饭馆前，牛牛抬头一看，招牌上写着"七方便饭馆"。走进小饭馆，小七副官对掌柜的耳语了几句。掌柜点了点头，扛着梯子，拿着毛笔，把"七方便饭馆"改成"八方便饭馆"。

把"七"改成了"八"，来吃饭的人立刻少了一半，饭馆里显得清静多了。小七副官和牛牛躲进里屋，隔着窗户往外看，只见一个又瘦又高的中年人抬头看了一下店面招牌后，慌慌张张地走进店里，对掌柜的说："来8个馅饼，8碗面条。"

"这家伙真能吃啊！点的东西够咱俩吃一天的。"牛牛小声嘀咕着。

小七副官问："咱俩怎么捉住他？"

牛牛想了想，说："趁他还没填饱肚子，咱俩一起上去把他捉住！"

"不成啊！司令官。"小七副官摇摇头，说，"咱们凭什么捉人家？人家犯了什么罪？"

"他偷记操练内容，形迹可疑。另外，电影里的特务都戴鸭舌帽，他也戴顶鸭舌帽……"牛牛越说声音越大，小七副官示意他小点儿声。

小七副官说："证据不足，不能随便抓人！"

"那你说怎么办？"

小七副官凑近牛牛的耳朵，悄悄说："我先去搜查他的笔记本。你躲在他的身后，听我说'把他抓起来'，你就用枪顶住他的后腰。"

牛牛笑着点点头，说："这次，我这个当司令的要听你副官指挥喽！"

小七副官跨进店堂，那个中年人正低头吃着面条。小七副官很有礼貌地向他行了个军礼，然后说："请出示一下你的证件。"

那人用警惕的目光看了小七副官一眼，伸伸脖子，把嘴里的面条咽下去，然后慢腾腾地从上衣口袋里掏出一个小蓝本，递给了小七副官。

小七副官看也不看一眼，又对他说："这是上周的身份证，这周的身份证换成绿颜色的了。我要搜查你全身！"

那人犹豫了一下，慢慢站起来。小七副官伸手搜他的右边口袋，摸到了一个硬皮本，刚要往外拿，只见那人脸色一变，挥手一拳把小七副官打出去好远。小七副官大声喊："把他抓起来！"

奇怪的是，牛牛瞪大眼睛，站在一旁一动也不动。原来牛牛只顾着看热闹，忘了自己的任务。

这一耽搁可坏事了，那人趁机逃出了饭馆。小七副官掏出手枪紧追出去，牛牛醒悟过来，也拔出枪跟在后面猛追。

"啪！啪！"那人回头就是两枪。小七副官往左边一躲，子弹擦着牛牛的耳边"嗖"的一声飞了过去。

小七副官回头对牛牛说："司令，你抄近路到前面截住他！"

这时，瘦高个儿跑到岔路口，掉头向左边跑去，小七副官在后面紧追不舍。

牛牛想：他跑到前面必然向右拐。这里正好构成一个三角形，那人走的是三角形的两条边，我走直道就一定比他先到。数学上讲过，三角形的两边之和大于第三条边嘛！

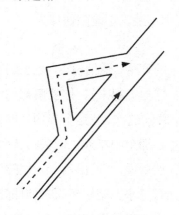

数学动物园　李毓佩
数学科普文集

想到这儿，牛牛一猫腰就沿着直道猛跑。跑到前面的岔路口，牛牛往左一看，瘦高个儿正一面回头射击，一面往这儿跑。

牛牛挡住了那人的去路，大喊一声："不许动，放下武器！"可是那人不理睬牛牛，还抬手给了牛牛一枪。牛牛往旁边一躲，那人趁机从牛牛旁边跑了过去。牛牛瞄准那人回了一枪，咦，怎么不响啊？噢，牛牛想起来了，他忘了把子弹推上膛了，真糟糕！

小七副官也追过来了。他气喘吁吁地问："司令官，你怎么不把特务截住？"

"我……"牛牛真不愿意把忘记将子弹推上膛的事说出来。

间谍钻进人群不见了。牛牛和小七副官垂头丧气地回到了王宫。七七国王安慰说："不要紧，跑了个间谍没什么了不起！咱们加紧练兵，这一仗一定能打赢！"

先来斗智

战场选在七七王国和八八王国的边界。这个地方四面环山，中间是平原，一条河从平原中间穿过，成为两国的自然边界。

牛牛来到战场，发现八八王国的军队早已摆好阵势，小八上尉骑着一匹红马站在阵前。

为什么他们的司令官不来，而只派个上尉来指挥这场战斗？是有意看不起我？想到这儿，牛牛对小八上尉说："噢，是小八上尉，贵军的司令官在哪儿？我要找他谈话。"

"哈哈……"小八上尉仰起头对牛牛说，"你看看我穿的是什么军装，你就知道谁是司令喽！"

小七副官悄声对牛牛说："司令，今天小八上尉穿的是元帅服，只有司令官才有资格穿这种衣服。"

牛牛仔细一看，果然，小八上尉穿了一身漂亮的元帅服。牛牛眼珠一转，笑着对小八上尉说："哟，阁下官运亨通，几天不见，从上尉一下子变成元帅啦！祝贺阁下荣升！请问，今天这场仗，小八司令准备怎么打呀？"

小八司令说："人家都说数学好的人脑子灵，今天咱们先来斗智怎么样？"

"怎样斗？"

"咱们以现有的军队为斗智的工具，你出个问题考我，我再出个问题考你，谁答不上来，就算谁输。"

牛牛点点头，说："你先出题吧。"

"好。"小八司令一挥手，八八王国的军队中走出 16 名士兵，他们排成一个正方形，每边恰好有 5 名士兵。

小八司令说："从这 16 名士兵中减少 2 名士兵，还要保持每边仍旧是 5 名士兵，你能做到吗？"

听完小八司令出的题目，七七王国的士兵都很惊讶，他们小声在下面议论："这根本办不到！少了 2 个人，每边怎么可能还是 5 个人？这是成心刁难！"还有的士兵说："这次看咱们这位数学司令有什么高招吧！"

牛牛微微一笑，说："这也算个问题？你拿去考幼儿园的小朋友还差不多。"说罢，他把令旗一挥，队伍里走出了 2 名士兵，再一挥令旗，果

数 学 动 物 园　李毓佩
数学科普文集

然，14 名士兵排成了一个正方形。数一数，每边正好 5 名士兵。

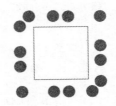

"好！""妙极了！""司令真是聪明过人！"七七王国士兵的叫好声此起彼伏。

小八司令吃了一惊，他马上又问："你能再减少 2 名士兵，仍然保持每边 5 个人吗？"

牛牛把头往上一仰，说："这有什么难的？我来给你排一下。"牛牛很快又排出来了，七七王国的军队中又发出一阵喝彩声。

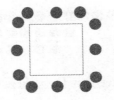

小八司令点点头，说："该你出题了。"

"慢！"牛牛一抬手说，"你这个问题还没问完哪！"

"还没问完？"小八司令看了牛牛一眼，"还要怎么问？"

牛牛说："把这 12 名士兵再减少 2 名，剩下 10 名士兵，你还能排成每边 5 个人吗？"

"这个……"小八司令眼珠一转，说，"这个问题是我来考你的，应该你来解答才对。"

牛牛也不和他计较，指挥士兵站在 4 个角上。一组对角上各站 3 名士兵，另一组对角上各站 2 名士兵。算起来，每边仍旧是 5 名士兵。

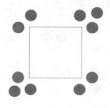

牛牛这一招可真厉害！你看，七七王国的士兵顿时士气大增，再看八八王国的士兵，脸上都露出惊慌的表情。

小八司令为了给自己找台阶下，就说："这最后一个问题比较难，我怕你答不出来，所以就不问了。"小八司令的几句话，引来七七王国士兵的一阵嘘声。

该牛牛出题了。他从自己部队中找来 24 名士兵，命令他们排成 3 排。第一排 11 人，第二排 7 人，第三排 6 人。

牛牛说："请小八司令调动一下，使每行保持 8 名士兵。要求是：只能调动 3 次；每次调到某一排的士兵数，要和这排原有的士兵数一样多。请吧！"

小八司令皱着眉头，对着这三排士兵紧张地思考着。他忽然眉头一松，跳下马来，说："好！先从第一排中调出 7 名士兵到第二排去。这样一调，第一排还剩下 4 名士兵，第二排有 14 名士兵，第三排仍旧是 6 名士兵。

"再从第二排调出 6 名士兵到第三排，这样第二排剩下 8 名士兵，合

李毓佩
数学科普文集

乎要求。

"最后，再从第三排调出 4 名士兵到第一排，这样，每排就有 8 名士兵了。这个问题实在太简单了。"小八司令说完，把嘴向右边一撇，显得十分高傲。小八司令接着说："请七七王国出 3 名士兵，我们也出 3 名士兵，让他们排成一排。"

七七王国的士兵都穿红军装，八八王国的士兵都穿白军装。6 名士兵站在一起，红白分明，十分醒目。

小八司令说："请你调动三次，把他们变成一红一白的相间排列，而且每次调动时要调相邻的一对，不能单调，不调动的士兵不能左右移动。"

牛牛记得数学老师讲过，越是表面看起来简单的问题，往往越难解。他对这 6 名士兵排列的问题，一点也不敢轻视。

牛牛认真琢磨，先把中间的一红一白调到右边去，这样在右边组成了一红、一白、一红，可是下一步就难调动了。看来，必须从两边选一对来调动。

牛牛慢慢思考着。小八司令不耐烦地说："如果不会做，就痛痛快快地认输！"

"哼！"牛牛大声说，"最右边的两名七七王国的士兵，到左边去。

"从左数，第二名和第三名士兵，到左边去。

"最右边的两名士兵，插进中间的空档。"

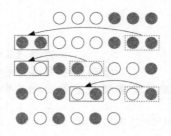

牛牛用了三步，正好调成了红白相间的排列。七七王国的军队中又爆发出一阵喝彩声。

又该牛牛给小八司令出题了。牛牛刚要张嘴，小八司令官一摆手，说："斗智就到这儿结束了，下面咱们摆开阵势，真刀真枪斗勇吧！"说完，也不等牛牛回话，调转马头跑回阵去。

小七副官愤愤不平地说："还差一道题没考呢，他倒先溜了。怕是答不出来吧！"

牛牛倒是毫不在意："准备战斗！"

再来斗勇

牛牛和小八司令各自回到自己的阵营中调遣队伍。只听八八王国的队伍里"咚咚咚"三声炮响，从他们的阵地上冲出一支正方形的队伍。这个正方形的队伍每边有 20 名士兵，士兵们平端着上了刺刀的步枪，在大鼓、小鼓的伴奏下，迈着正步"唰唰"的冲上来。

鼓声惊天动地，刺刀寒光闪闪……牛牛从来没见过这种阵势，心里真有点害怕，手也微微颤抖。

小七副官在一旁看在眼里："这叫'精神战术'。司令，你操练的三角形队列就能破他这个方阵。"

牛牛一想：对呀！这个正方形队列就像块大木块，三角形队列就像

　　　　　　　　　　　数学动物园　　李毓佩
数学科普文集

个钻头。木块被钻头一钻，还不钻个大窟窿？想到这儿，牛牛来劲了，他把手中的令旗向上一举，大喊一声："按三角形队列出击！"

牛牛一声令下，前面的士兵立即打出一面红色军旗，后面的队伍是一个比一个大的三角形，像一把把尖刀一样向正方形队列刺去。

刀光闪闪，杀声震天，两方的部队短兵相接了。三角形队列向正方形队列猛插，一下子把正方形队列冲出一个大口子。八八王国的士兵纷纷向两边躲闪。由于三角形队列越往后越宽，八八王国的军队被冲开的口子越来越大，很快就被冲成了两部分。

七七王国的士兵都斜着身子，枪口一致向外，士兵们互相保护，始终保持三角形队列不变。

小八司令见状，大吃一惊，赶紧问他身边的胖子副官："你看，那个三角形队列有多少名士兵？"

胖子副官和小八司令是中学同学。中学毕业后，小八上了军官学校，胖子上了数学专科学校。小八当上了司令后，听说七七王国新上任的司令外号叫"数学司令"，就请来数学好的胖子当副官，对付牛牛。

胖子副官长得圆圆的：身体圆圆，眼睛圆圆，脸圆圆，肚子圆圆，还戴了一副圆圆的眼镜。

胖子副官听到小八司令问他，立刻立正，一本正经地回答："报告司令，我数了一下，除去拿军旗的，一共有 11 个三角形。"

小八司令着急地说："我是问你这个队列里一共有多少人。"

"这个，我得再计算一下。"说完，胖子副官从口袋里掏出笔和本子，边写边说，"第一个三角形有 3 个人；第二个三角形有 6 个人，比第一个三角形多 3 个人；第三个三角形又比第二个三角形多 4 个人。哎呀！这里面有什么规律呢？"

正当胖子副官抓耳挠腮的时候，牛牛把令旗一摆，大喝一声："变！"只见这些三角形队列中，所有相邻的两个三角形合并在一起，变成了 6

个正方形队列。

胖子副官一拍大腿，高兴地说："这下子可好啦！三角形全拼成正方形了，正方形的人数可好算多了！"说完，列出一个算式。

胖子副官向小八司令行了个军礼，说："报告司令，三角形队列中共有 364 名士兵。"小八司令点了点头。

胖子副官指着算式补充说："其实这个加法还可以做得更简单一些。你看，这里的每一个数都含有因数 2，可以利用乘法分配律来算。"胖子副官又列出一个算式：

$$2\times2+4\times4+6\times6+8\times8+10\times10+12\times12$$

$$=2\times2(1\times1+2\times2+3\times3+4\times4+5\times5+6\times6)$$

$$=4\times91$$

$$=364$$

胖子副官指着答数说："你看，也是 364 人。"

小八司令官听了，自言自语地说："我们是 400 人，他们是 364 人，他们却把我们打乱了。"

小八司令思考了一会儿，忽然把手一挥，说："再上一个 400 人的方队。我们 800 人对付他们的 360 人，一定能胜利！"

胖子副官在一旁纠正道："司令，是 364 人，你少说了 4 个人。"

小八司令不耐烦地说："多 4 个，少 4 个，起不了什么作用！"

胖子副官认真地说："数学是一门精确的科学，差一点也不成！"

这时，随着"咚咚咚"三声炮响，又一支由 400 名士兵组成的方队从八八王国的阵地中冲出来。

牛牛见八八王国又派出一支方队，不敢怠慢，他大喝一声，把令旗向上一举，又派出一支三角形队伍前去迎战。

小八司令已经吃了一次亏，不想这第二个方队也被三角形队伍冲散。他急忙下令："快吹撤退号！"

数学动物园 李毓佩
数学科普文集

"嗒嗒……"一阵响亮的号声吹响，八八王国的士兵纷纷向后撤退。七七王国的士兵还想追赶，但八八王国的军队用密集的大炮轰炸和机枪扫射，使七七王国的军队难以向前。

小七副官提醒道："这样硬追损失太大，咱们也应该撤兵！"

牛牛打得正高兴，听见小七副官叫他撤兵，心里不大乐意。可是他看到七七王国的士兵在对方的枪炮下不断地倒下，也只好下令收兵。

一场战斗下来，七七王国的官兵都夸奖司令智勇双全。一名士兵竖起大拇指说："别看咱们司令年纪小，斗智的时候，吓得小八司令连第二道题都不敢接，直接逃走了。"

"哈哈……"士兵队伍里响起了一阵笑声。

又一名士兵一边比画一边说："嘿，咱们司令学过诸葛亮的八卦阵，摆出的三角形队列就像一把尖刀。小八司令呢？摆出的正方形队列就好像一块大肥肉，被尖刀一割就碎，没几刀就被割成肉块了，哈哈……"

牛牛打了胜仗，又得到了士兵们的称赞，心里别提有多高兴，他觉得自己已经是个相当出色的司令了。想着想着，他把头抬得更高了，步子也迈得更大了，仿佛自己一下子长高了许多，明明比自己高出一头的士兵，此刻也好像矮了一截。

牛牛越想越得意。

国王送的礼物

牛牛正在得意，一名士兵前来报告："七七国王派人送慰问品来啦！"牛牛一回头，果然看见教育大臣率领一群人，吹吹打打地带着许多礼物来了。

教育大臣说："七七国王听说司令每战必胜，特地让我代表他向全体战士送点薄礼。"说罢，令手下们抬上来许多箱苹果。

教育大臣说："这里有 9324 个苹果。七七国王要求把士兵分成一等功、二等功、三等功三种，其中立二等功的人数是立一等功的 2 倍，立三等功的人数是立二等功的 2 倍。"小七副官赶紧把这几个数字记下来。

教育大臣又说："国王还嘱咐，立一等功的士兵，分得的苹果数应是立二等功士兵的 2 倍；立二等功的士兵，分得的苹果数应是立三等功士兵的 2 倍。"

小七副官摸着脑袋说："国王是叫我们分苹果呀，还是给我们出难题呢？"

教育大臣听了这话，笑着说："七七国王说，司令是数学司令，送礼也要有点数学味儿，不然就没意思。"

小七副官看着牛牛，意思是问怎么办。牛牛说："我现在就来算。先来算立一、二、三等功的各有多少人。"

小七副官见状，马上说："你说，我来写。"

牛牛双手往后一背，来回踱着步，说："设立一等功的人数为 1。"

小七副官惊讶地问："怎么，立一等功的只有 1 个人？"

"不，不是这个意思。"牛牛摆摆手，说，"我这里说的'1'，意思是把 777 名士兵分成若干份，立一等功的占其中的一份。"

"'1'是一份的意思。"小七副官明白了。

牛牛又接着说："立一等功的人数为 1，立二等功的人数就是 2，立三等功的人数为 4，合起来就是 7。把 777 人分成 7 份，每份就是 111 人。这就算出来，立一等功的有 111 人，立二等功的有 222 人，立三等功的有 444 人。"

"高明，果真高明！"教育大臣称赞说，"数学司令果然名不虚传啊！"

小七副官平时最看不惯教育大臣这副阿谀奉承的嘴脸，瞪了他一眼，又问牛牛："往下怎样算？"

数 学 动 物 园

李毓佩
数学科普文集

牛牛说："分苹果的算法和刚才算人数的方法差不多，你来算算吧。不过，立三等功的分几个苹果我已经知道了。"

小七副官学着牛牛的算法，设立三等功分得的苹果数为 1，立二等功的就是 2，立一等功的就是 4，合在一起还是 7。9324÷7＝1332。立三等功的有 444 人，他们共分 1332 个苹果，每人分 1332÷444＝3（个）。

小七副官高兴地说："我算出来了，立三等功的每人分 3 个苹果，立二等功和立一等功的每人各分 6 个和 12 个苹果。司令，我算得对不对？"

牛牛摇摇头，说："不对！"

"不对？"小七副官不大相信自己会算错。

"不信，你验算一下，就知道对不对啦。"

小七副官列了个算式：

$$3 \times 444 + 6 \times 222 + 12 \times 111$$
$$= 1332 + 1332 + 1332$$
$$= 3996$$

牛牛笑着问："才分出 3996 个苹果，剩下的 5000 多个苹果分给谁呀？"

"这……"小七副官摸着脑袋说，"我错在哪儿呢？"

"错在分苹果时，你没考虑立一、二、三等功的人数。"牛牛接过纸和笔边写边说，"由于立各等功的人数不同，苹果就不能再按 7 份来分啦。设立三等功的每人分 x 个苹果，那么立二等功和立一等功的分得的苹果数就是 $2x$ 和 $4x$。这时可以列出一个含 x 的等式。$444 \times x + 222 \times 2x + 111 \times 4x = 9324$，$x \times (444 + 444 + 444) = 9324$，$1332x = 9324$，$x = 7$。立一、二、三等功的每人分别分得 28 个、14 个和 7 个苹果。"牛牛笑着说，"我早知道立三等功的是分 7 个苹果。"

小七副官好奇地问："你怎么知道的？"

"你忘了七七国王最喜欢 7 了。"牛牛说得大家哈哈大笑。

教育大臣一挥手,说:"把酒抬上来!"只见下面抬来许多箱酒。由于酒有好几种,箱子的大小不同,每箱酒的数量也不一样。

教育大臣说:"七七国王命你们把士兵分成三队。这些酒先分给第一队 $\frac{3}{10}$,把余下的 $\frac{2}{5}$ 给第二队, $\frac{4}{7}$ 分给第三队,最后还剩下 10 瓶好酒,是专门慰问司令的。"

小七副官求教牛牛:"这次又该怎么分?"

牛牛胸有成竹地说:"先要把总数求出来。"

"总数又怎么求?"小七副官还是不会。

牛牛说:"要设总的酒数为 1。第一队分走 $\frac{3}{10}$,余下的就是 $1-\frac{3}{10}=\frac{7}{10}$;第二队分走 $\frac{7}{10}$ 的 $\frac{2}{5}$,也就是 $\frac{7}{10}\times\frac{2}{5}=\frac{7}{25}$,意思是占总酒数的 $\frac{7}{25}$;第三队分走 $\frac{7}{10}$ 的 $\frac{4}{7}$,也就是意思是 $\frac{7}{10}\times\frac{4}{7}=\frac{2}{5}$,意思是占总酒数的 $\frac{2}{5}$。这样一来,三队各占总数的多少就求出来了。"

小七副官还是没摸着窍门儿:"有了 $\frac{3}{10}$, $\frac{7}{25}$ 和 $\frac{2}{5}$,往下该怎么算?"

牛牛耐心地说:"把这三个数加起来,是 $\frac{3}{10}+\frac{7}{25}+\frac{2}{5}=\frac{15+14+20}{50}=\frac{49}{50}$。这里还差 $\frac{1}{50}$,小七副官,你说这 $\frac{1}{50}$ 的酒哪里去了?"

小七副官一琢磨,笑着说:"这 $\frac{1}{50}$ 的酒不是慰劳司令您了吗?"

牛牛得意地说:"$\frac{1}{50}$ 是 10 瓶酒,原来不就是 500 瓶酒吗?"

"对,对!"小七副官拍拍脑袋说,"有了总数 500 瓶,可就好分了。第一队分 $500\times\frac{3}{10}=150$(瓶),第二队分 $500\times\frac{7}{25}=140$(瓶),第三队分 $500\times\frac{2}{5}=200$(瓶)。好了,各队派人来领酒啦!"

教育大臣还带来了许多好肉好菜。士兵们非常高兴,又喝酒又吃肉,

数学动物园
李毓佩
数学科普文集

好不热闹。

夜深了，士兵们吃饱喝足，在帐篷里睡着了。牛牛忙了一天也累了，上下眼皮直打架。

小七副官却精神得很。他布置岗哨，检查武器，还领兵巡逻。他见牛牛困得不成样子，便说："司令，你睡吧，我来值班。"

牛牛硬撑着说："我——不——困……"他一边说着，身体却不断晃动，有些站不住了。

小七副官赶紧把牛牛扶住，劝说道："司令，你先睡会儿，过一会儿我来叫醒你。"

牛牛眯着眼睛说："过一个小时，你—— 一定——要叫醒我！"说完"咕咚"一声，倒在床上睡着了。

敌人来偷袭

小七副官自幼当兵，对打仗很是内行，虽然白天牛牛指挥七七王国军队一连打了几个胜仗，但是小七副官心里明白，小八司令并没有拿出真本事来。而自己一方呢，虽然新上任的司令人很聪明，数学基础也好，可是不懂军事，也缺少实战经验。他越想越不放心，见牛牛睡得正香，就一个人悄悄走出指挥部去查岗。谁知他刚走出指挥部，就听到一种异样的声音。他赶紧趴在地上，把耳朵贴着地面仔细听，竟听到了许多脚步声。他大吃一惊，这是八八王国偷袭军营来了！

小七副官转身跑回指挥部："司令，司令，快醒醒！有情况！"可是，有什么情况也没用了，牛牛睡得别提多香了。

"没见过这么能睡的司令官！"小七副官嘟哝了一句，转身就往外走，去叫醒各个军营的战士们。这700多名战士都是老兵，一听说有情况，立刻提着枪跑了出来。

小七副官刚把战士安排好，八八王国的士兵已经逼近了。

小七副官大喊一声："打！"从七七王国阵地上射出来的子弹，雨点似的打到敌人身上，最前面的八八王国士兵倒下一大排。

俗话说"来者不善"，八八王国的士兵立即用机枪、大炮还击。密集的子弹打得七七王国的士兵一时抬不起头来，八八王国的士兵趁势一个劲儿地往前攻。

第一阵枪声硬是没把牛牛惊醒。还是八八王国打来的一发炮弹，把牛牛从床上震到了地上，摔得他"哎哟"一声，从梦中醒来。

牛牛刚跑出门，一排机枪子弹迎面打来，吓得他趴在地上，一个翻滚，滚到了小七副官跟前。

小七副官大吃一惊："司令，你醒了？"

牛牛埋怨小七副官："都打起来了，你为什么不叫醒我呀？"

小七副官说："不是我没叫你，实在是叫不醒你呀！"听他这么一说，牛牛羞愧得脸都红到了脖子根。

小七副官问："敌人来势很猛，你说该怎么办？"

牛牛拔出手枪，坚定地说："顶住！不行咱们来个反击，打他个有来无回！"

"不成啊！"小七副官说，"咱们不知道对方来了多少人，也不清楚他们的兵力部署，不能轻易反击。"

"那，咱们就坐等挨打？"牛牛是不甘心让敌人进攻的。

这时，天蒙蒙亮，已经能模模糊糊看到敌人的行动了。

小七副官用手一指，说："司令你看，八八王国用的是梯形队伍，你能算出这个梯形队伍里有多少人吗？"

"梯形很好算，它的面积公式是 $\frac{1}{2} \times$（上底＋下底）×高。只要数一数他们第一排有多少人，最后一排有多少人，再数一数他们一共有多少排，我就能算出总人数来。"牛牛的把握挺大。

李毓佩
数学科普文集

小七副官有点怀疑，他问："司令，用求面积的办法求人数，能行吗？"

"没问题，你快数吧！"

小七副官看见不远的地方有棵柳树，他猫腰跑过去，三下两下上了树。这样居高临下，可以看得清清楚楚。

很快，小七副官回来报告："我看清楚了，第一排是20人，最后一排是42人，一共是12排。"

牛牛在地上写了个算式，算了起来：

$$梯形队伍总人数 = \frac{1}{2} \times (20 + 42) \times 12$$

$$= \frac{1}{2} \times 62 \times 12$$

$$= 372 \text{（人）}$$

教育大臣不知什么时候也凑了过来。他慢吞吞地问："我当教育大臣多年，还从没听说过用求梯形面积的公式来求人数。我认为司令的算法缺少根据，我对计算结果抱怀疑态度。"

牛牛说："372人肯定没错！"

教育大臣摇摇头，说："我不信。要叫我相信，除非你拿出充分的证据！"

战斗进行得这样激烈，牛牛哪还有时间给他找证据？真是急死人啦！可是牛牛又一想：教育大臣是七七国王派来的慰问团团长，可不能得罪。

牛牛琢磨了一下，说："这样吧，我画个图给你讲讲我的根据。咱们简单地设梯形队伍的第一排有3个人，最后一排有9个人，一共4排。"

教育大臣神气十足地说："简单点还是复杂点都没关系，只要把道理讲清楚就可以。"

牛牛没理他，蹲在地上边画边说："把这个梯形队列，再倒接一个同样的梯形队列，就变成一个平行四边形队列了。教育大臣先生，你数一数，这平行四边形中的每一排是不是都是 12 人？"教育大臣认真地数了数，点头说是。

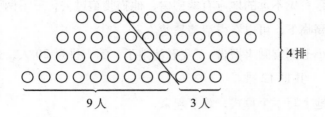

9人　　　3人

牛牛又说："每排 12 人，一共 4 排，总人数应该是 12×4＝48（人）吧？而梯形队列的人数是 $\frac{1}{2}$×48＝24（人），对不对？"

"你说得对！"教育大臣又点点头。

"这 12，是不是第一排和最后一排人数之和？"牛牛说，"这梯形队的人数就可以写成 $\frac{1}{2}$×（3＋9）×4＝24（人），这就是我计算的根据！"

教育大臣仔细看着牛牛写的最后一个算式，费力地思索着："第一排加上最后一排的人数，乘以排数，再除以 2。对，就是这个算法，没错！"

小七副官说："他们有两个这样的梯形队列，每个梯形队是 372 人。一个进攻，另一个就用炮火掩护。"

"他们总共才 744 人，人数并不比咱们多，咱们不能在这儿被动挨打，应该主动出击，打垮他们。"牛牛摘下腰间的令旗，准备采取行动了。

司令上当了

牛牛认为：既然自己的士兵比对方多，为什么不冲出去把八八王国的军队打个稀里哗啦呢？他摘下令旗，刚要集合队伍，就被小七副官拦住了。

小七副官说："司令，不能盲目往外冲！我们还没有摸清敌人的虚实，小心上当！"

"你这个当副官的不身先士卒，反而胆小怕事，这样怎么打胜仗？"牛牛发火了。

小七副官又劝说："打仗不是儿戏，一定要谨慎行事，不可蛮干！"

"什么？你竟说我把打仗当作儿戏？你是不是因为我年纪小，看不起我这个司令官啊？"牛牛越说越来气，他指着小七副官说，"我命令你留下来看守指挥部，我带兵冲出去！"

"司令……"小七副官还想解释几句，可是牛牛不再理睬他，掉头走了。

牛牛又排出他拿手的三角形队列，一声令下，队伍直向八八王国的军队冲去！八八王国的军队似乎被三角形队列打怕了，见到三角形队列冲出来，立即掉头往回撤。

牛牛见了十分高兴。他心想：我的三角形队列无坚不摧，想必小八司令已经领教了我的厉害，现在我要乘胜追击，彻底打垮他们！

牛牛把令旗在空中挥了几下，高喊："士兵们，冲啊！"七七王国的士兵听到司令的命令后，跑步向前冲，将八八王国的部队冲得溃不成军。

牛牛指挥部队在后面穷追猛打。他想：这次我在决战中打了大胜仗，七七国王一定会设宴为我庆功，到时候，我这位数学司令的美名一定蜚声天下！

"咚咚咚"三声炮响，惊醒了牛牛的美梦。他抬头一看，敌人已经停止撤退，他们在三角形队列的前面，一左一右摆好两个梯形队列。一匹红马从两个梯形队列中间冲出来，骑在马上的正是小八司令。

小八司令笑着对牛牛说："数学司令，这次你可计算错了！你竟敢追进八八王国的领土，咱们在这儿决一死战吧！"

小八司令抽出战刀向空中一举，大喊："梯形队列进攻！"两队梯形队列一左一右，像钳子一样夹过来。

牛牛也不甘示弱，他把令旗一举，大喊："三角形队列冲锋！"

两支队伍一交手，可坏事了。八八王国的两个梯形队伍一合拢，一下子就把七七王国的三角形队列的头给夹住了，不管你怎么冲，也休想冲出去，而且越往里冲，被夹住的部分就越大。

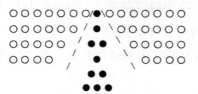

牛牛一看，大吃一惊：这等于钻进敌人的口袋里了！他惊魂未定，又听三声炮响，一支骑兵从后面冲过来。这支骑兵也是一支三角形队列，从七七王国队伍后面猛插进来。

牛牛根据三角形的特点设计的这种三角形队列，适于进攻，但防守能力很差，尤其怕敌人攻击它的后面。看来，小八司令已经琢磨透了这种队列的优缺点，来了个"以其人之道还治其人之身"，用三角形骑兵部队，猛插七七王国队伍背后。

小八司令这一招儿真厉害呀！七七王国的部队前面被夹，后面被冲，进退两难，阵脚大乱。

小八司令骑着红马，挥舞着战刀，忽左忽右地指挥着战斗。再看牛牛，他右手拿着手枪，左手挥着令旗，手忙脚乱。可是，七七王国的军队已经被敌人冲散了，士兵们到处乱跑，乱放枪，根本不听司令的指挥。

牛牛心想：刚才真不该不听小七副官的话，这下子钻进人家的圈套里，可别想出去了。八八王国的军队围成一个大包围圈，把七七王国的军队全都围在里面，包围圈越缩越小……

司令被俘

正当牛牛手足无措的时候，从包围圈外杀进来一队人马，第一个冲进来的是小七副官。

小七副官来到牛牛跟前，急忙问："司令，怎么样？没受伤吧？"

牛牛摇摇头，说："没事，咱们要想办法冲出去呀！"

小七副官说："你领着士兵们往外撤，我来掩护你！"

"这怎么成？还是你领着部队往外撤，我来掩护吧！"牛牛不愿先撤兵。

小七副官着急地说："你还不快走，你看这 777 名士兵还剩几个人了？"牛牛回头一看，啊呀，自己的士兵还剩下不到 200 人！

牛牛把令旗向后一指，大喊一声："跟我往外冲！"士兵们闻声就跟着牛牛边打边撤。在小七副官和一部分士兵的掩护下，牛牛终于冲出了包围圈。他正喘着气，迎面遇到了教育大臣。教育大臣把手一举，说："司令慢走，让我清点一下人数，看看损失了多少士兵，占总数的多少，我回去好向国王汇报。"

牛牛觉得有理，便让教育大臣一一清点。不一会儿，教育大臣说："司令，正好还剩 200 名士兵。"说完，他开始做除法，$\frac{200}{777}$ 是冲出来的士兵数和士兵总数的比。教育大臣对着这个分数直发愣。

牛牛在一旁催促说："你快点算啊。"

教育大臣摸着脑袋说："我想把 $\frac{200}{777}$ 这个分数约简。我不敢向七七国王汇报一个没经约简的分数。"

牛牛说："这个分数不能约简。"

"你是怎么知道的？"

牛牛说："分子、分母必须有公因数时才能约简。这里 200＝2×2×

$2 \times 5 \times 5$，$777 = 3 \times 7 \times 37$，他们的质因数中没有相同的因数，因此，$\dfrac{200}{777}$ 不能再约简了。"

牛牛刚刚说完，小七副官也从包围圈里冲了出来。小七副官问："司令，你为什么还不走？"

"这位教育大臣非要把 $\dfrac{200}{777}$ 约简不可，结果耽误了时间。"牛牛向小七副官解释道。

敌人的骑兵追来了，为首的正是小八司令。小八司令骑着一匹红马，挥刀向小七副官砍来，小七副官用手枪向上一迎，"咔嚓"一声，手枪被砍成两截。小八司令趁势一哈腰，把牛牛拽上马背，拍马转身就走。

"啊，司令被人劫走了！"小七副官大惊失色，立刻指挥士兵上前追赶。可是，已经来不及了，小八司令在其他骑兵的掩护下，越跑越远。

他就是八八国王

小八司令将牛牛绑在马背上，带回了八八王国。八八国王听说七七王国的数学司令被俘，非常高兴，下令要亲自到王宫外面迎接小八司令。

王宫外挂着八个大红灯笼，又摆了八个大鼓、八面大锣、八支小号、八面大旗。小八司令一下马，立刻锣鼓喧天，好不热闹。这时，牛牛被八八王国的士兵五花大绑，拉到一边。

伴着锣鼓敲打的节奏，从王宫内走出一队一队的士兵，每队士兵都是 8 名，一共走出了 8 队。最后走出来的是一个驼背老头儿，这个老头儿瘦得只剩皮包骨头，满脸都是皱纹，最惹人注意的是，他干瘪的嘴唇上面，留着两撇八字胡子。他头戴王冠，穿着华丽，不用问，这就是八八国王。

小八司令向国王行了个军礼，高呼："国王万岁！"

八八国王用嘶哑的声音回答："八八必胜！"然后上前拥抱了小八司令。

八八国王斜眼看了牛牛一眼，轻蔑地问："这就是七七王国所谓的数学司令？"

小八司令高傲地说："他过去是司令，现在是我的俘虏！"

八八国王"嘿嘿"干笑了两声，说："一个乳臭未干的娃娃也当司令？笑话！把他带进宫去！"

牛牛觉得被俘倒没什么，可是八八国王这几句话，刺得他脸上一阵红，一阵白的。

八八国王的王宫十分豪华，中间有一把用黄金制成的椅子，上面还镶着宝石。八八国王在椅子上坐下，小八司令站在国王的左侧，旁边站着一位头发花白的老将军，他就是被撤去司令职位的老八将军。

八八国王干咳一声，说："干吗还绑着他呀，一个小牛娃，还怕他跑掉？"士兵给牛牛松了绑。

八八国王说："小牛娃，你知道古希腊有位圣贤叫毕达哥拉斯吗？"

"毕达哥拉斯？好耳熟。噢，有一本课外读物上介绍过这个人。毕达哥拉斯是 2500 多年前古希腊著名数学家，他独自发现了'勾股定理'，对数学有很大的贡献。"牛牛心里琢磨着。

八八国王说："毕达哥拉斯把自然数分为两类，偶数是男人的数，奇数是女人的数。8 是偶数，7 是奇数，七七王国是个女人的国家，嘻嘻……"小八司令也跟着国王一起笑。

牛牛心想：什么男人数、女人数，纯粹是胡说八道！

八八国王擦了擦笑出来的眼泪，接着说："再说，7 是一个质数，不能再分解了。一个不能再分解的数还有什么发展，还有什么前途？可是，8 却能分解成 2 和 4。8 多好啊！"

八八国王见牛牛一直不说话，就笑着说："来，咱们做个游戏。来人，叫 7 名士兵进来！" 7 名士兵应声进入宫内，在八八国王面前整齐地站成一排。

八八国王站起来，走到牛牛跟前，说："你也站到他们中间去，具体站在哪儿，你可以随便挑。你们 8 个人 '1，2' 报数，凡是报单数的一律下去，然后再重新报数，谁最后一个离开队伍，谁就胜利，获胜者有奖。"

牛牛打心眼儿里不想做这个游戏，可是转念一想：八八国王如此看不起我，我倒要露一手给他瞧瞧。哼！想到这儿，牛牛就站到从左数起的第八个位置上。

"好！" 八八国王高兴地喊，"1，2 报数！"

第一轮报数，牛牛站在第八个位置上报 2，2 是偶数，当然被留下了。这时下去 4 个人，还剩下 4 个人。

第二轮报数，牛牛又报 2，这时又下去 2 个人。牛牛和另外一个人留下。

第三轮报数，牛牛还是报 2，报 1 的士兵下去了，只留下牛牛一个人。

"好极啦，好极啦！这个小牛娃还挺聪明。来，给你发奖品。" 说着，八八国王把一盒精装巧克力塞到牛牛手里。

牛牛把巧克力放到地上,心想:这么简单的问题还想难倒我，没门儿！

八八国王高兴极了，说："7 名士兵都被淘汰，只有站在八号位置上的这个小牛娃取得了胜利。这说明什么啊？"

小八司令在一旁大声回答："七七必败，八八必胜嘛！"

牛牛心想：噢，他们玩这个游戏的真实目的原来在这儿！真是又好气又好笑。

八八国王回到金椅子上坐下，笑眯眯地对牛牛说："我说小牛娃，圣人的话不可不听，游戏的结果不可不信。这一切都说明 8 好 7 不好，我劝你还是归顺我们八八王国吧！凭你的数学能力，还怕将来当不了大官？"

牛牛最讨厌别人把他叫小牛娃了，他坚信自己是七七王国的司令，是堂堂的男子汉，怎么能被人叫小牛娃？多难听！

八八国王见牛牛始终一言不发，就摆摆手说："这个小牛娃可能一时还想不通。带他去休息一下，让他冷静地考虑一下我的建议。"

牛牛忽然大声说道："请问八八国王，谁是小牛娃？我是数学司令！我叫牛牛！请不要叫我小牛娃好吗？"

"好，好。"八八国王满脸堆笑地说，"数学司令，实在对不起。请司令下去休息，发挥你的数学特长吧！"

牛牛被两名士兵押送到一座戒备森严、墙高宅深的大院。他想：这一定是监狱。没想到，走到大门一看，大牌子上写着"数学俱乐部"。

"数学俱乐部？活见鬼！"牛牛正想着，士兵拉开圆门，把他推了进去，然后"咣当"一声，把门关上了。

数学监狱

牛牛推了推圆门，门纹丝不动。他知道自己出不去了，一回身，却猛地发现一名士兵站在背后，把他吓了一跳。

士兵很有礼貌地对牛牛说："刚接到通知，得知数学司令到数学俱乐部来，欢迎，欢迎！"

牛牛觉得这个士兵挺和气，就问他："这个地方是数学俱乐部呢，还是监狱？"

士兵彬彬有礼地回答："正确地说，应该叫作'数学监狱'。"

"数学监狱？"牛牛觉得这个词儿挺新鲜。

"对，它叫数学监狱，因为在这所监狱中，你的一举一动都要和数学发生关系。"

"真有意思！"牛牛自言自语地说。

牛牛正想着，不知不觉已到了中午，他饿得肚子咕咕叫，便问士兵：
"什么时候吃午饭？"

士兵将牛牛带到一间小屋子里，说："这里是饭厅，你随时都可以吃
饭。"说完转身走了。

屋里只有一张桌子和一把椅子，看样子是专门为牛牛一个人准备的。
可是除此以外，别的什么也没有，吃什么呀？牛牛一屁股坐到椅子上。

说也奇怪，牛牛刚一坐下，桌面就自动翻了个身。桌子的背面有张
菜单：

◎红烧鱼：0.01   ◎馒头：0.25

◎炒芹菜：0.37   ◎米饭：0.17

◎煎丸子：0.11   ◎面包：0.09

◎鸡蛋汤：0.58   ◎粥：0.06

◎炒白菜：0.27

◎＝1

牛牛一看，菜单上什么都有，心里挺高兴，就大声叫道："来一条红
烧鱼、一份煎丸子、一盘炒芹菜、一块面包、一碗粥。"可是牛牛点完了
饭菜，半天没人理他。他又叫了一遍，还是无人应声。

怎么回事？牛牛突然想起来，刚才那个士兵说过，这里的一切都要
和数学发生关系。是不是吃饭也和数学有关系呀？

牛牛开始研究这张菜单，发现每个菜名前都有一个电钮，后面写着
一个纯小数。这些小数是代表菜价吗？不对呀，蹲监狱是没办法付饭钱
的。另外，红烧鱼是 1 分钱，鸡蛋汤却要 5 角 8 分钱，这不可能！

牛牛心想：一定是你想吃哪道菜，就按它前面的电钮。于是，牛牛
依次按下红烧鱼、煎丸子、炒芹菜、面包和粥的电钮。他等了一会儿，
还是没动静。牛牛往下看，发现在菜单的最下面，还有一个红色电钮，
这个电钮右边有个等号，等号旁边写了一个"1"。

数 学 动 物 园   李毓佩
数学科普文集

"怎么电钮会等于1？"牛牛随手按了一下这个红色电钮。这一按可不得了，椅子面来了个大翻身，把他重重地摔到了地上。

"哎哟，真疼呀！"牛牛爬起来，一边捂着屁股，一边狠狠地踢了一下椅子。椅子又恢复了原样。

牛牛捂着摔疼的屁股，忽然脑子一激灵："哈，我知道了！原来每一种饭菜都用一个小数来代替，当你点的饭菜的小数总和恰好等于1时，才能给你上菜；如果点的饭菜的小数总和不等于1，椅子就会翻转过来。"

牛牛计算了一下，刚才要的饭菜的数字总和为：

红烧鱼＋煎丸子＋炒芹菜＋面包＋粥

$=0.01+0.11+0.37+0.09+0.06$

$=0.64$

牛牛笑了，心想：还差0.36呢。看来，要先计算，后按电钮。经过一番计算，牛牛选择的饭菜如下：

红烧鱼＋鸡蛋汤＋米饭＋面包＋粥＋面包

$=0.01+0.58+0.17+0.09+0.06+0.09$

$=1$

虽说牛牛吃不了这么多东西，但为了凑足整数1，他不得不这么做。这一次，当他按下红色电钮时，桌面又翻了个身，上面出现了牛牛所要的饭菜。

牛牛大吃了一顿。他吃饱了，想找个地方休息一下，于是大声叫道："士兵，士兵！我想休息。"

士兵闻声赶来："请跟我走。"说完，领牛牛到了另一间空荡荡的屋子里。

牛牛问："床在哪儿？难道叫我睡在地上？"

士兵指了指上面。牛牛抬头一看，嘿，真怪！床吊在屋顶下面呢！

牛牛摸着脑袋问："这……我从哪儿爬上去呀？"士兵指了指门后，就转身走出去了。

门后面会有什么？牛牛转过身一看，发现门后有一个摇柄，摇柄旁写着几行字：

把摇柄顺时针摇 32 圈，再逆时针摇 45 圈，再顺时针摇 58 圈，再逆时针摇 71 圈，再顺时针摇 83 圈，再逆时针摇 56 圈，床便可自动放下。

牛牛心算了一下，需要摇 345 圈，才能把这张床摇下来。虽说他刚吃饱饭，可是要摇 300 多圈还是挺累的。他真想睡一觉，却也没办法，摇吧。

牛牛刚刚握住摇把，忽然灵机一动——逆时针摇一圈，再顺时针摇一圈，这相反的两圈会不会互相抵消了呢？如果真能抵消，又何苦摇 300 多圈呢？还是先算算再说——把顺时针摇的圈数相加，减去逆时针摇的总圈数：$32+58+83-(45+71+56)=1$，只用顺时针摇 1 圈。

牛牛依此而行，过了一会儿，床慢慢落下来了。床上被子和枕头都有，牛牛一爬上床就呼呼睡着了。

不知睡了多久，牛牛被士兵叫醒了。士兵给他端来一杯茶。牛牛和士兵闲聊起来："你姓什么？"

"姓机。"

"姓姬。是有姓姬的。"牛牛接着问，"你家住在哪儿？"

"工厂。"

"工厂？"牛牛觉得挺奇怪，又接着问，"你有兄弟姐妹吗？"

"有。每一批 100 多个。"

"啊，兄弟姐妹 100 多个？这是怎么回事？"牛牛惊奇地看着这名士兵，发现他不会眨眼睛，而人长时间不眨眼睛是受不了的。

数学动物园　李毓佩
数学科普文集

牛牛忽然想起来，昨天与小八司令决战的时候，八八王国派出了一大批机器人士兵。牛牛问："你是机器人吗？"

士兵回答："我是机器人士兵238号。"

"叫一个机器人来看管我，难道不怕我逃走？"牛牛有了逃走的念头。

机器人238号忽然对牛牛说："八八国王让你马上去王宫。"

智 力 比 赛

牛牛来到王宫。八八国王笑嘻嘻地对他说："小牛娃……不，不，应该叫数学司令。你吃得、睡得都好吧？只要数学好，住在那里还是挺舒服的。"

牛牛仍然不说话。八八国王站起来说："我非常爱惜人才。听说你昨天和小八司令在阵前斗智，小八司令没占上风。他很不服气，要和你再来一次斗智。题目嘛，由我出。你敢和小八司令再斗一次吗？"

牛牛想：小八司令根本不是我的对手。就痛痛快快地点头答应了。

"好！我来出第一道题，你们采取抢答的方式，就是说谁会答，谁就抢先答。答对了得2分，答错了倒扣1分。"八八国王说完，两只手从一个金盒子里各抓了一把东西。

八八国王说："我两只手一共抓了15颗珍珠，谁知道我哪只手里拿的是7颗，哪只手里拿的是8颗？"

小八司令看了看牛牛，牛牛看了看小八司令，两个人都没说话。

八八国王问："你们两个人都不会答？"

牛牛开口了，说："这样猜等于胡猜！"

"你想怎么猜？"八八国王想知道牛牛有何高招儿。

牛牛说："把你左手的珍珠数乘以2，再加上右手的珍珠数，你告诉我这个得数是奇数还是偶数。我就可以解答你提出的问题。"

"可以。"八八国王略想了一下，说，"是个偶数。"

八八国王话音刚落，牛牛立刻答道："你左手拿的是 7 颗珍珠。"

八八国王伸开左手一看，果然是 7 颗珍珠。八八国王说："数学司令果然名不虚传，你能讲出其中的道理吗？"

牛牛说："道理很简单。你左手拿的是 7 颗珍珠，7 乘以 2 得 14，是个偶数。再加上你右手拿的 8 颗珍珠，也是偶数，它们的和就也是偶数了。"

八八国王问："如果我左手拿 8 颗，右手拿 7 颗又会怎么样呢？"

牛牛说："8 乘以 2 得 16，16 加 7 一定得奇数。如果最后的得数是奇数，就说明你左手拿了 8 颗珍珠。"

"对，对！给数学司令记上 2 分。"八八国王眼珠一转，说，"你们听我的第二道题。在一分钟内用 8 个 8 凑成 1000，允许使用四则运算及大、中、小括号，并且要凑出 4 个 1000 来。"

牛牛最讨厌 8 了，这里有 8 个 8，就更令他讨厌了。可是小八司令特别喜欢 8，他很快就凑出了 4 个 1000：

$$(8+8) \div 8 \times (8 \times 8 \times 8 - 8) - 8 = 1000$$

$$[(8+8) \times 8 - (8+8) \div 8] \times 8 - 8 = 1000$$

$$888 + 88 + 8 + 8 + 8 = 1000$$

$$(8888 - 888) \div 8 = 1000$$

牛牛从心底佩服小八司令使用 8 的熟练程度。

"好，好。给小八司令也记上 2 分。"八八国王高兴得直搓手。

八八国王说："由于你们比了个 2 比 2，我还要出第三道题。这可是关键的一道题！来人，把宝盒捧出来！"

8 名卫兵捧出 8 个宝盒，一字排开放在桌子上。

八八国王指着 8 个宝盒说："这 8 个宝盒，每个宝盒里都有 8 颗宝

数学动物园

李毓佩
数学科普文集

珠……"

"慢着。"牛牛打断八八国王，"八八国王你不要欺人太甚，你明明知道我是七七王国的司令，却接二连三地出全是数字 8 的题，这不是有意帮助小八司令吗？"

"不，不。我没有这个意思。由于我偏爱数字 8，一出题就离不开 8。"八八国王一挥手，说，"这样吧，咱们既不出 7 也不出 8，出 9 总可以吧。"

八八国王命令士兵把 8 个宝盒换成 9 个宝盒。八八国王说："这每一个宝盒里都有 9 颗宝珠，但是其中有一盒里的宝珠全是假的。"

牛牛问："怎么能说明这些宝珠是假的呢？"

"真宝珠每颗重 25 克，假宝珠每颗重 30 克。"八八国王走了几步，说，"我要求你们俩用秤把这盒假宝珠挑出来，但是只许称一次。"

八八国王说完，眯着眼看着牛牛和小八司令。

小八司令走到宝盒前，打开全部盒子仔细看了看。从外观看，这些宝珠没有什么差别。他又拿起宝珠掂了掂，也没发现有什么不同。小八司令挠了挠头，又回到了原地。看来小八司令对这个问题是束手无策了。

八八国王用轻蔑的眼光看着牛牛，意思是说：你有办法解决吗？你解决不了，就算输给我八八国王啦！

这个问题真够难的，牛牛心里琢磨了几个解决办法，可是再深入一想，又都不成。

八八国王探着身子，嘲讽地问："数学司令应该有好办法吧？"

既然八八国王这样说，不上去是不成了。牛牛硬着头皮往前走，边走边琢磨。突然，他灵机一动，有办法了。他从第一个宝盒中拿出 1 颗宝珠，从第二个宝盒中拿出 2 颗宝珠，这样依次拿下去，从第九个宝盒中拿出 9 颗宝珠，总共拿出了 45 颗宝珠。

牛牛把这 45 颗宝珠全放到秤上称了一下，共重 1150 克。牛牛立即指着第五个宝盒说："这盒中的宝珠是假的。"

八八国王心里十分惊讶，表面却不动声色："说出道理来！"

牛牛环视了一下周围，说："我总共拿出了 45 颗宝珠，如果这 45 颗都是真宝珠，总重应该是 1125 克。而称出的重量是 1150 克，总共多出 25 克，说明里面共有 5 颗假宝珠，所以是来自第五个盒子。"

在场的文武官员都暗暗佩服牛牛聪明。小八司令不信，从第五个盒子中取出一颗宝珠一称，果然是 30 克。

小八司令很不服气，回头对八八国王说："请陛下再出一道题，行吗？"

牛牛争辩说："八八国王已经说过这是最后一道题了，身为国王，不能说话不算数！"

"这个……"八八国王也觉得再出题不太合适，就摆摆手说，"算了吧，今天就比到这儿。今后还要比赛，今天就不计算谁输谁赢了，把数学司令押回去吧！"

"哼！"牛牛不等士兵近前，转身走了出去。

机器人 888 号

牛牛被押回数学监狱，机器人 238 号继续看守着他。

"已经被捉两天了，可不能总被关在这儿呀！"牛牛心里着急：要想办法逃出去！

可是，怎么逃呢？首先，要降服这个机器人 238 号，然后想办法打开数学俱乐部的圆门。此后，牛牛处处留心，观察机器人 238 号有什么特点。

一天早上，牛牛为了试试机器人 238 号的力气，提出要和它摔一跤。他弯腰抱住 238 号的一条腿，想来个"抱腿摔"。可是，238 号的这条腿，

数学动物园　李毓佩
数学科普文集

就像埋在地里的木桩，休想挪动它。相反，机器人238号稍一用力，就把牛牛摔到了地上。

牛牛这一跤虽然摔得不轻，但他无意中发现机器人的后背上有一组电池。"啊！机器人离不开电源，我要是把它的电源切断，它不就失灵了吗？"想到这儿，他又一次扑了上去。

牛牛搂住机器人238号的腰，趁势把手伸进它的衣服里，摸到一根电线。这时机器人238号把牛牛的双腿抱了起来，牛牛一时两脚悬空，幸好他抱住了机器人的头。机器人238号双手一使劲，眼看就要把牛牛摔到地上，牛牛急了，使劲一拉电线。电线断了，机器人238号抱着牛牛的双腿，一动不动地停在那里。

牛牛长长地出了一口气：机器人238号总算失灵了。牛牛想把双腿从它的怀里拔出来，但不管他如何用力，怎么都拔不出来。

"我不能总这样悬在半空啊！"牛牛又撩开机器人的上衣，想看看里面还有没有什么机关。经过寻找，他发现机器人的胸前有一个很小的电钮，牛牛试着用手按了一下。

牛牛这一按可不得了——机器人238号的两眼不断闪着红光，嘴里还不断地喊着："快来人，我断电了！快来人，我断电了！"

听到喊声，小八司令很快带着士兵来了。他们七手八脚地帮机器人238号接好电源。

小八司令问机器人238号是怎么回事，机器人把刚才发生的事说了一遍。小八司令训了它一顿，就带着士兵走了。到了门口，小八司令打开门旁的一个小盒子，在里面按了几下，门自动打开了。他忽然又想起了什么，回头对一名士兵说："你也留下。"然后走出数学监狱。

牛牛怏怏不乐地看着小八司令出去。屋里依然留下了一名士兵。牛牛想：这名士兵多半也是一个机器人，于是上前问："你也是机器人吧？"

新留下的士兵回答说："是的。我是机器人888号。"牛牛和机器人

888 号说着话，慢慢走近门旁的小盒子，想看看里边有什么奥秘。机器人 888 号拦住他，不让他靠近。

吃过午饭，牛牛发现两个机器人一左一右，形影不离地监视着他，看来，八八国王加强了对他的防范。

牛牛对机器人 888 号说："我说 888 号，你能摔得过 238 号吗？238 号力大无穷，我是它的手下败将。"

888 号说："我是八八王国中最优秀的机器人，我的 888 号是八八国王亲自命名的。你要知道，机器人的号码中，8 越多，说明这个机器人越优秀。它 238 号，号码中只有一个 8，比我少两个 8 呢！"

牛牛摇摇头，说："空口说白话，谁会相信你呢？"

"不信，我就和它比试比试。"

两个机器人摆好了决斗的架势。

第一次逃跑

牛牛大喊一声："开始！"两个机器人扭在一起。机器人不会摔跤，只是使劲把对方往地上按。由于用力过大，它们的四肢发出"咯咯"的声响。

牛牛不断喊加油，给它们鼓劲，身体却往前靠。他把双手搭在它们的背上，冷不防地将手伸进它们的衣服里，"唰唰"两下把电源线拉断了，霎时间，两个机器人都停住不动了。

牛牛趁机跑到大门口，打开小盒子一看，发现里面有九个带数字的电钮，而且它们之间还有运算符号。

$$② × ⑦⑧ = ①⑨⑥ = ③④ × ⑤$$

牛牛仔细一看，等号两边的数都不相等啊！这是怎么回事？

牛牛再一琢磨，哦，原来必须把等号两边的数调整为相等，这扇门才能打开。

　　一开始，牛牛想把所有的电钮都拔下来重排。但他转念一想，不如调整一下更简单。不过，该保留哪几个数呢？保留中间数的百位数字1，个位数字6。这样一来，左边乘法式子中的8保留不动，7和2也可以保留不动。

　　关键是调整右边式子中的各位数字。为了使乘积的个位数字是6，必须把9和5互换一下。调整之后，右边变成34×9。这个乘积是306，不等于156。怎么办？再把4和9互换一下，39×4＝156，这一下就成了。牛牛算了一下，总共才调整了两次。

$$②×⑦⑧＝①⑤⑥＝③⑨×④$$

　　牛牛一调整好电钮，门就自动打开了。他赶紧走出大门，撒腿就跑。可没跑一会儿，他发现整个院子是座大迷宫。

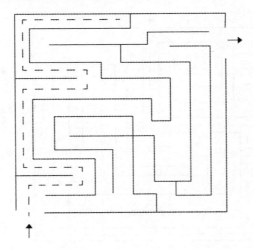

　　"走走试试吧。"牛牛想了想，决定沿着左边往前走。他拐了一个弯儿，又拐一个弯儿，结果七拐八拐，走进了死胡同。没办法，他只好沿原路退回来。但这时太阳已经落山了。

　　天一黑下来，这迷宫就更不好闯了。牛牛只好先回数学监狱，等明天再说。

他真没想到，返回的路线却非常容易。他一走近大门，门就自动打开，屋里那两个机器人还保持着刚才的姿势站在那里。牛牛赶紧又给它们俩接通电源线。两个机器人还要继续摔下去。牛牛说："别再摔了，天都黑了，明天再比吧。"

过了一会儿，牛牛对机器人888号说："你一定是一个非常聪明的机器人吧。"

机器人888号听了，得意地说："当然，在八八王国所有的机器人中，我是最聪明的。"

牛牛在纸上画了一张迷宫图，对它说："既然这样，你会走这个迷宫吗？"

"会走。"888号很快就画出了通往出口的道路。

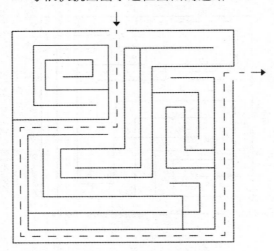

牛牛惊讶地问："你怎么这么快就找到了出口？"

机器人888号指着自己的头说："我脑袋里装的是电脑，只要按着走迷宫的规则一算，就能找到出口。"

"走迷宫还有规则？"

数学动物园   李毓佩
数学科普文集

"有啊！"机器人888号说，"碰壁回头走；遇到岔路口，靠着右壁走。"

"嗯。"牛牛把这两个原则默默地记在心中。

第二天吃过早饭，牛牛又鼓动两个机器人摔跤，并且和昨天一样，趁它们俩摔得正激烈的时候，拉断了它们俩的电源线，然后逃了出去。

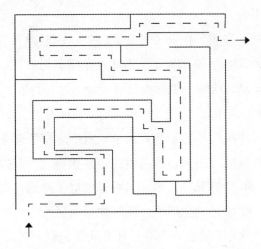

一闯进迷宫，牛牛就小声念叨："碰壁回头走；遇到岔路口，靠着右壁走。"他三转两转，真的转出了迷宫。牛牛心里别提多高兴了。

出了迷宫，外面美极了：青翠的树林，碧绿的草坪，小鸟在枝头歌唱，鲜花在路边开放。牛牛跑啊，跳啊，急着赶回七七王国。

突然，背后传来一声怒吼，牛牛回头一看，吓得头发都竖起来了。

被野兽包围

原来，两只雄狮正张着血盆大口怒吼着，向牛牛扑来。怎么办？跑吧，往哪儿跑？眼前连棵树也没有。不跑，就等着被狮子吃掉？他正在踌躇，又有一群狼从对面冲来。

"这些会不会是机器狮子和机器狼呀?"牛牛知道八八王国善于制作各种机器玩意儿。

　　狮子和狼前后夹攻,步步逼近。牛牛不断往后撤,撤着撤着,就撤到迷宫的出口了。他急中生智:"我为什么不带它们进迷宫呢?"他沿着刚才出迷宫的道路,三转两转,把一群狼给转迷了路。但是,两只狮子还在后面紧追不舍。

　　牛牛又跑回了屋里,把狮子关在大门外。他累得上气不接下气,一回头看见机器人238号和888号,还呆立在那里。

　　牛牛灵机一动,给两个机器人接通电源,对它们说:"门外来了两只大狮子,要进来吃咱们。"

　　两个机器人冲出门外,和两只狮子一对一地打了起来。

　　狮子看见机器人冲出来,掉头就往迷宫里跑。一只狮子跑进了死胡同,被机器人888号打死了;另一只狮子跑对了路线,机器人238号在后面穷追不舍。牛牛见机会到了,便跟在后面猛跑。

　　狮子一跑出迷宫,机器人238号便停止了追赶,它双手朝牛牛一伸,说:"咱们回去吧。"

　　牛牛假装坐在地上,说:"在这儿休息一会儿。我走不动了。"他嘴里这样回答,可心里在打主意逃走。

　　休息了一会儿后,牛牛假惺惺地问:"机器人888号真的比你聪明吗?"

　　机器人238号说:"我没和它比试过智力。"

　　"我看你的电脑功能不比它差,可你比它少两个8呢!"牛牛说,"这样吧,我出三道题,你如果都能答对,就证明你的智力不比机器人888号差。"

　　"好吧,请出题。"机器人238号真想试试。

　　牛牛眼珠一转,说:"不过,你如果答错了,我可要打你屁股三下。"

机器人 238 号憨憨地说："打 30 下也行，反正我不觉得疼。"

"我的第一个问题是，"牛牛伸出一个手指头，说，"有一个一千位的大数，它的每一位上的数字都是 1。如果这个大数被 7 除，问你余数是几？"

机器人 238 号不假思索地回答："余数是 5。"

"啊！"牛牛惊奇地问，"你怎么算得这样快啊？用什么办法算的？"

机器人 238 号说："我用 1000 个 1 直接被 7 除，得出来的。你呢？你是怎么算的？"它立刻反问道。

"我是这样算的。首先，我试除一下，看看最少由几个 1 组成的数，可以被 7 整除或产生循环。我发现最少要由 6 个 1 组成的六位数，可以被 7 整除。"说着牛牛列了个算式：

$$
\begin{array}{r}
15873 \\
7\overline{)111111} \\
\underline{7} \\
41 \\
\underline{35} \\
61 \\
\underline{56} \\
51 \\
\underline{49} \\
21 \\
\underline{21} \\
0
\end{array}
$$

机器人 238 号点点头，说："对，对！"

牛牛又说："那么 1000 位中有多少段这样的六位数呢？最后剩几位呢？这也要做个除法。"

"照这样算下来，总共有 166 段这样的六位数，最后还剩下由 4 个 1 组成的四位数。这个问题所要的余数，就是 1111 被 7 除的余数，这个余数是 5。"

机器人 238 号点点头，说："你们人类所想的办法，就是比我们高明。"

牛牛接着出第二道题。这次他想给机器人 238 号出一道判断题，于是说："我们院子里有三户人家，每家都有一个小孩。两个女孩，一个叫小红，一个叫小芹；还有一个男孩叫小虎。孩子们的爸爸分别是王叔、张叔、陈叔，妈妈分别是刘婶、李婶、方婶。"

机器人 238 号问："还有什么条件吗？"

牛牛说："还知道以下三个条件：

一、王叔家和李婶家的孩子都参加了女子排球队；

二、张叔的女儿不是小红；

三、陈叔和方婶不是一家。

你判断一下，哪三个人是一家？"

机器人 238 号不假思索，张嘴就说："张叔、李婶和小芹是一家；王叔、方婶和小红是一家；陈叔、刘婶和小虎是一家。"

"你做判断也这么快？"牛牛又很惊奇。

机器人 238 号说："我这个电脑是计算快，判断也快。"

"我提最后一个问题。"牛牛嘴里虽然这样说，心里真没了主意。提什么问题能难倒它呢？他忽然一拍大腿，在地上写了一句话："这句话是错的。"然后对机器人 238 号说："你来判断这句话是否正确？"

看着这句话，机器人 238 号半天没有回答。

牛牛问："怎么回事？你为什么不说话？"

机器人 238 号说："如果我判断'这句话是错的'，那么这个句子就是对的，我应该说'这句话是对的'，这里所说的'这句话'指的是你写的句子；如果我判断'这句话是对的'，那么'这句话是错的'这句话本身就错了，我应该说'这句话是错的'。这里所说的'这句话'还是指你写的句子。不管我做什么判断，都会产生矛盾。"

"哈哈！做不出来，该我打你屁股了吧？"牛牛高兴得眉飞色舞。

李毓佩
数学科普文集

机器人 238 号乖乖地转过身去，说："我甘愿受罚。"

牛牛趁机器人 238 号转过身的机会，伸手拉断了它后背的电线，再一次逃出迷宫，朝七七王国奔去。

没过多久，牛牛来到一条多岔路口，正在他彷徨失措之时，一匹快马从树林里冲出来，马上正是老八将军，牛牛想躲已经来不及了。

老八将军很客气地问："数学司令，你怎么走到这儿来了？这是八八国王的动物园，常有野兽出没，很危险哪！"

牛牛见老八将军没恶意，就回答说："我想回七七王国，可是迷失了方向，老将军，您能帮帮我吗？"

"这个……"老八将军有点为难。告诉他怎么走吧，牛牛可是敌对国的司令；不告诉他吧，老八将军对小八司令的骄横非常不满意，特别是他逮住数学司令后，那股骄横劲儿更足了。老八司令心想：我何不趁现在放了数学司令，给小八司令设置一些障碍，挫挫他的傲气呢？

想到这里，老八将军说："既然你是数学司令，我就给你出一道题吧。你回去的路线就在这答案之中。你听着：你先向东走 1000 米，再向北走 200 米，向西走 300 米，向北走 100 米，最后向西走 700 米，就到边界了。"

"谢谢您，我走啦。"牛牛向老八将军行了个礼，转身就往北走。

"回来！回来！"老八将军叫住了牛牛，说，"我告诉你先往东走，你怎么往北走了？"

牛牛笑着说："老八将军，您出的题目，我算出来啦。您说了半天，其实我往北走 300 米就是了。我急着回七七王国，哪有时间按你的话绕大圈子呀！"

"哈哈！"老八将军竖起大拇指，说，"数学司令果然聪明，祝你一路平安。"说罢，他掉转马头，离开了。

牛牛告别了老八将军，一路连奔带跑，往北而去。

训练新阵势

牛牛一路上经过千难万险，终于回到了七七王国。七七国王设宴欢迎司令平安归来。

宴会上，牛牛红着脸，半天没吭声。小七副官小声对牛牛说："大家这样欢迎你，你就讲两句吧！"

"这次打了败仗，责任全在我。因为我没听小七副官的话，中了敌人的圈套。我真后悔！"说完，牛牛呜呜地哭了。

"胜败乃兵家常事嘛，咱们只要好好吸取教训，加紧练兵，再打胜仗也不难。司令，你可千万别哭。"说完，七七国王掏出手绢，亲自给牛牛擦眼泪。这样一来，牛牛更加不好意思了，他说："小八司令欺人太甚，我一定要训练新阵势，打败他们！"

"好！"七七国王见牛牛又有了斗志，高兴地说，"好样的，有信心就一定能胜利！"

宴会过后，牛牛就和小七副官一起研究新阵势。小七副官说："三角形队列进攻是非常得力的，只是背后怕人家攻击。"

牛牛点头同意："三角形队列前面是尖，后面是边。尖是适合进攻的，可是边就容易受到攻击。"

"嘿，咱们能不能多搞它几个尖，减少边的长度？"小七副官提了个问题。

"三角形有三个尖，数学上叫三个顶点，如再增加一个顶点就变成了四边形。四边形有四条边，这种队形不适于进攻。"牛牛说，"打仗可不能只守不攻啊！"

两个人从三角形，谈到四边形、五边形、六边形，一直谈到圆形。

小七副官一拍大腿，说："咱们就排个圆形阵吧，圆乎乎的多好玩，用它进可以攻，退可以守，多好。"

数 学 动 物 园　李毓佩
数学科普文集

"好是好啊，七七国王是不是只给了咱们777名士兵？"牛牛接受了上一次的教训，现在考虑问题特别仔细，他说，"这么几个士兵只能排一个很小的圆阵。"

小七副官不大明白，问："为什么同样是777名士兵，排成别的形状就大，排成圆阵就小呢？"

牛牛打了个长长的哈欠，对小七副官说："咱们明天到操场上实际操练一下，你就明白了。"说完，他们各自去休息了。

第二天一早，牛牛穿戴整齐，由小七副官陪同来到操场。777名士兵排成37人一排，一共21排，已在操场站好。

不一会儿，七七国王带着大臣们也来了。

牛牛向国王致意后，拿起令旗，对士兵说："你们现在排的是长方形阵。这个长方形阵的长边有37人，宽边有21人。咱们还能排成长边有259人，宽边只有3人的长方形阵，名叫'长蛇阵'。"牛牛把令旗一挥，士兵们就按259人一行，排成三行。

七七国王小声道："这不像长蛇，倒像根木棍。"牛牛并不答话，又把令旗一挥，队伍开始摆动前进，从远处看去，果然像条长蛇。

七七国王拍手称赞说："真像条活蛇！"

小七副官小声问牛牛："你怎么不排个正方形阵？正方形阵方方正正的多气派！"

"不成啊！"牛牛摆摆手说，"正方形阵的长边和宽边相等，要求组成正方形的人数，刚好是一个整数的自乘积。可是777不是一个整数的自乘积啊！"

"司令，别那么死心眼儿，少几个士兵也成啊！他们这些大臣都喜欢方方正正的队形。"小七副官极力劝说牛牛排正方形阵。

牛牛对小七副官说："你快给我算算，哪个数的自乘积，最接近777。"小七副官从2乘2得4，3乘3得9开始算，算了半天才算出27×27

＝729，777－729＝48。

小七副官小声告诉牛牛："每边 27 人，共用 729 人，多出 48 人。"牛牛立即调出 48 人，让其余的人排成一个方阵。

果然不出小七副官所料，众大臣一看见正方形阵，一起站起来欢呼。

小七副官得意地对牛牛说："司令，你要是能排出圆形阵，大臣们准会跳起来。"

牛牛心算了一下，大步走到操场中央，要士兵以他为中心，呈放射形向外排出 16 条半径，每条半径上是 48 名士兵，总共是 $48 \times 16 = 768$（名），只多出 9 名士兵。

牛牛把令旗一举，整个圆旋转着向前移动，远远望去，犹如一个向前滚动的大车轮。

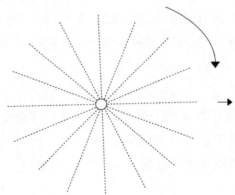

"妙极了！"七七国王带头欢呼起来，众大臣也跟着叫好，霎时间，指挥台上掌声一片。

七七国王认为圆形阵有三大好处，他说："第一，司令在圆形阵的中央，体现了以司令为中心的作战体系；第二，圆形阵可容纳 768 名士兵，最大限度地使用了兵力；第三，不管哪个方向，兵力都一样多，没有薄弱的地方。"于是七七国王决定，用圆形阵去对付八八王国。

操练圆满结束。

数 学 动 物 园

李毓佩
数学科普文集

化装侦察

虽说七七国王把圆形阵夸奖了一番，可是牛牛心里还是没底，因为上次失败给他的教训太大了。

回到休息室，牛牛问小七副官："你说这圆形阵能打败八八王国吗？"

"我也没有把握。"

"不成。"牛牛激动地说，"被八八王国抢走的土地和财产，咱们一定要夺回来。这一仗咱们只能胜，不能败！"

小七副官说："小八司令鬼主意挺多。你从八八王国逃了出来，说不定他又在出什么新点子了，咱们可猜不着。"

"上次八八王国派来了个特务，把咱们操练三角形队列的情报给弄走了，结果咱们打了败仗。这次咱俩不妨也去他们那里侦察一下，摸摸他们的底牌。"牛牛说。

"好主意！"小七副官说，"咱俩也来个化装侦察吧。"

"好。八八王国有许多机器人士兵，咱俩就化装成那样，你是 238 号，我是 888 号。"牛牛说着，叫小七副官弄来两套八八王国的军服，两个人穿戴整齐，坐车来到两国边界。

天渐渐黑了，趁着夜幕，牛牛和小七副官悄悄下了车，学着机器人走路的样子，朝边界走去。

进入八八王国的边界，前面是一片大草原，牛牛想起之前在这里遇到过狮子和狼，顿时紧张起来。他小声对小七副官说："这一带有野兽，要留神！"于是，两人谁也不说话，小心翼翼地走了一大段路。

四周一片寂静，什么也没出现。小七副官放松了下来，他问："司令，昨天晚上你说，同样多的士兵，排成三角形或四边形就大，而排成圆形就小，这是什么道理？"

牛牛回答："老师给我们讲过，用一定长度的绳子来围成一个图形，比如说围成一个三角形、四边形、五边形、圆等，这里面就数圆所围得的面积最大。"

"面积大有什么用？"小七副官还是不懂。

牛牛耐心地解释："如果这些图形的面积都一样大，那么就数圆的周长最短。同样，假设士兵们彼此之间的距离都一样大，那么圆形阵最外面一圈的士兵数最少。"

"噢，原来如此。"小七副官恍然大悟。

两人正聊得起劲，突然，两名八八王国的士兵从黑暗中冲出来，士兵大喝一声："口令？"

牛牛张嘴就答："七七必胜，八八必败！"

"什么？"两名八八王国的士兵端着枪走了过来。

小七副官见牛牛说走了嘴，赶紧纠正说："七七必败，八八必胜！"

两名士兵警惕地问道："是机器人吗？"

"是。"

"你们的号码？"

小七副官先回答："我是 238 号。"

牛牛回答："我是 888 号。"

两名士兵听说牛牛是机器人 888 号，立刻立正，齐声呼喊："向最优秀的机器人 888 号致敬！"

牛牛看出这两个士兵也是机器人，就问："你们知道小八司令现在在哪儿吗？"

一个机器人士兵说："他在王宫内开军事会议。"

牛牛小声对小七副官说："走，咱俩去看看。"两人一前一后，直奔王宫。

虽说已是午夜 12 点，八八国王的王宫内却灯火通明，八八国王、老八将军、小八司令正在里面争论着什么。牛牛和小七副官装作卫兵，在门口站好。

只听里面小八司令大声叫道："我的机器人部队所向无敌，百战百胜，一个小小的数学司令有什么可怕的？"

老八将军看了小八司令一眼，一字一句地说："战场上比打仗，王宫里比智力，你都败给了人家。你的智力不如人家，光靠几个机器人怎能打胜仗？"

"是啊！老八将军说得有理。"八八国王站起来说，"机器人是人制造的，它们的智力不能和人比。你把最优秀的机器人 888 号派去看守数学司令，结果还不是让他跑了。"

小八司令和老八将军各执一词，你一句我一句，越吵越凶，八八国王劝说几次也没用。

八八国王捶着桌子生气道："不要再吵了！小八司令，你赶紧把进攻七七王国的计划说一遍。"

听到"进攻七七王国"这句话，站在门口的牛牛和小七副官不约而同地倒吸了一口凉气。

绝密行动

小八司令把脸向上一扬，骄傲地说："我这个进攻计划，代号'绝密行动'。这次进攻如果成功，七七王国将被全部占领，小小的数学司令将再一次成为我的俘虏。"

八八国王问："具体怎样进攻？"

小八司令环视四周，突然把目光停留在站在门口的小七副官身上。牛牛和小七副官心里顿时一阵紧张，牛牛暗想：莫非我们的伪装被小八司令识破了？牛牛向小七副官使眼色，两人悄悄地摸了摸手枪。

小八司令命令小七副官："给我冲杯咖啡！"

小七副官两眼发直，机械地回答："是！"转身走了。

小八司令打开一张军事地图，说："七七王国三面与咱们相邻，一面靠海。咱们可兵分三路同时进攻，把七七王国的军队逼向海边。他们如不投降，就叫他们举国灭亡！"说到这里，小八司令狂笑起来。

老八将军冷冷地问："三路进攻？你有那么多兵吗？"

"兵？哈哈。"小八司令说，"我有大批能征善战的机器人士兵！"

"你说说，你到底有多少机器人士兵？"老八将军两眼紧盯着小八司令，追问道。

小八司令轻蔑地一笑："有多少？我说了怕你也算不出来。那天夜里，我偷袭七七王国的军营，用了 $\frac{11}{37}$ 的机器人去正面进攻，用余下的 $\frac{1}{4}$ 旁边策应，还有 468 名闲着没用。你说说我有多少机器人士兵？"

"这……"老八将军一时答不出来。

牛牛在门口听了，默默地心算：设机器人的总数为 1，我只要算出他没动用的这 468 个机器人占总数的几分之几，就可以求出机器人的总数。他先用去总数的 $\frac{11}{37}$，剩下 $1-\frac{11}{37}=\frac{26}{37}$。又用去 $\frac{26}{37}$ 的 $\frac{1}{4}$，也就是 $\frac{26}{37} \times \frac{1}{4}=\frac{13}{74}$，余下 $\frac{26}{37}-\frac{13}{74}=\frac{39}{74}$。好了，468 名机器人占总数的 $\frac{39}{74}$，总数就是 $468 \div \frac{39}{74}=888$（名）。算出这个数，牛牛心中一惊：小八司令的机器人要比我带的士兵多 111 名。

"哈哈……"一阵狂笑打断了牛牛的思路。他猛一抬头，只见小八司令指着老八将军说："连这么简单的问题都算不出来，亏你当了那么多年的将军！"

小八司令的几句话，气得老八将军瞪圆了双眼，大张着嘴巴，却一句话也说不出来。

正说着，小七副官把咖啡端来了。他的一举一动都非常像机器人，牛牛看了直想发笑。

"怎么这么半天才端来？"小八司令见了小七副官，有点发怒。

小七副官心平气和地回答："水没开，我等了一会儿。"他一边说着，一边用眼睛偷看摊在桌子上的军用地图。

等小八司令喝完咖啡，小七副官接过杯子，又慢慢地走了下去。

小八司令继续讲他的"绝密行动"："我把机器人士兵分成 3 队，都坐汽车，武装成机器人机械化部队。"

八八国王问："每队有多少名机器人呢？"

小八司令说："第一队有 30 辆汽车，第二队比第一队的二分之一多 4 辆，第三队比第一队少 5 辆。"

"噢，你考起我来了！"八八国王似笑非笑地摇摇头，说，"我可不怕你考。我先来算算各队有多少辆汽车：第一队有 30 辆，第二队比第一队的二分之一多 4 辆，那就是 $\frac{1}{2} \times 30 + 4 = 15 + 4 = 19$（辆）。第三队比第一队少 5 辆，有 $30 - 5 = 25$（辆）。总共有 $30 + 19 + 25 = 74$（辆）。你一共有多少机器人士兵？"

老八将军说："我算出来啦，共有 888 名。哼！别以为只有你一个人会数学。"说完狠狠地瞪了小八司令一眼。

"好，好。老八将军算出来了。"八八国王说，"$888 \div 74 = 12$，就是说每辆汽车上有 12 名机器人士兵。这样一来，第一队有 $30 \times 12 = 360$（名），第二队有 $19 \times 12 = 228$（名），第三队有 $25 \times 12 = 300$（名）。"

"国王算得不错。我要让第一队从正面进攻，第二队从左边进攻，第三队从右边进攻。"小八司令在地图上比画着。

八八国王点点头："下一步呢？"

"下一步？"小八司令倒背双手来回踱了几步，忽然捶了一下桌子，恶狠狠地说，"我的 100 名铁骑兵紧跟着从正面冲上去，再让老八将军的两个纵队一左一右往上冲。"

他又转身对老八将军说:"老将军,有我的机器人给你开路,你的两个活人纵队是不会受损失的。"

老八将军气冲冲地说了一句:"人家七七王国的指战员也不是傻子!我看数学司令回到七七王国后,也会有新的策略。"

"手下败将,不值一提。"小八司令盛气凌人地说。

八八国王怕两个人吵起来,赶紧劝阻说:"好了,好了。今天的军事会议就开到这儿,都回去休息吧。"

牛牛和小七副官见会议结束,就悄悄地溜了出来。

一路上,牛牛高兴地对小七副官说:"咱俩真没白来。"

小七副官朝四周望了望,悄悄地说:"刚才我去端咖啡时,发现王宫后面有一个专门给机器人充电的充电机房。"

"太好了!发现了充电机房,这可太重要了!"牛牛乐得叫了起来。

意外收获

小七副官掏出小本子,说:"司令,咱们把侦察的情况记一下,回去好商量对策。"

"你说得对!"牛牛说,"咱们基本上摸清了小八司令的'绝密行动'计划。他要从陆地上三面进攻七七王国。"

小七副官接着说:"他把 888 名机器人分成三队,其中 360 名从正面进攻,228 名从左边进攻,300 名从右边进攻。"

"对!接着他让 100 名铁骑兵从正面跟上,老八将军的两个纵队从左右跟上。"牛牛也记得一清二楚。

小七副官忽然想起了一件事,他说:"咱们对小八司令的'绝密行动'还有两点不清楚。"

李毓佩
数学科普文集

"哪两点？"牛牛问。

"第一，老八将军的两个纵队共有多少人，咱们还不清楚；第二，'绝密行动'的具体时间，咱们也不知道。"小七副官考虑问题比较细致。

牛牛思忖了一会儿："这两个问题非常重要,咱们一定要侦察清楚！"牛牛决定去找老八将军。

两人刚走出树林，发现月光下有两名士兵抬着一大箱酒走过来，只听一名士兵说："老八将军一生气就大量喝酒，他喝的这顿酒，够咱俩喝一个星期的。"

另一个士兵说："借酒浇愁愁更愁。自从老八将军被撤去司令职务，小八当上了司令后，老八将军一天也没露过笑脸呀！"

"唉，小八司令也太看不起老八将军了。其实，他也是老八将军一手提拔起来的。"

牛牛和小七副官一路跟在后面偷听。月光下，牛牛看得清楚：走在前面的士兵是个矮胖个子，后面的士兵则是瘦高个子。

这时矮胖士兵说："从老八将军不当司令起，他每天都比前一天多喝一瓶酒。你能算出这半个月来，老八将军总共喝了多少瓶酒吗？"

"这个……"瘦高士兵想了想，说，"你需要告诉我，老八将军原来每天喝几瓶酒。"

"原来老八将军是早上喝 1 瓶，中午、晚上各喝 2 瓶，每天共喝 5 瓶酒。"

"好吧，我来算。"瘦高士兵说，"第一天他多喝 1 瓶，就是喝 6 瓶；第二天喝 7 瓶，6 加 7 得 13；第三天喝 8 瓶，13 加 8 得 21……"不一会儿，瘦高士兵就算糊涂了。

小七副官心中暗笑，小声对牛牛说："司令，这个瘦高个儿才加十几个数，就加糊涂了。你说做这样的加法有没有速算法？"

"有啊！"牛牛回答，"当年欧洲的'数学王子'高斯，在上小学时，曾用一种简单的方法算出了从 1 加到 100 的和, 你知道他用的是什么方法吗?"

小七副官摇摇头。

牛牛小声说:"我从一本课外书上看到,高斯是用第一项加上最后一项,乘以项数,再除以 2。"也许是牛牛说得太快,小七副官眨着双眼没听明白。

牛牛进一步解释说:"就拿从 1 加到 100 来说吧。第一项是 1,最后一项是 100,项数也是 100。这样,从 1 加到 100 所得的和为 $\frac{(1+100)\times 100}{2}$ $=5050$。"

"噢,这样一算,就可以把几十个,甚至上百个数相加的结果算出来,是个好办法。"小七副官又说,"可是,老八将军第 15 天喝多少瓶酒呢? 一天加上一瓶,15 天就加上 15 瓶。对! 最后一天老八将军喝了 $5+15=20$(瓶)酒。"

"你算得对! "牛牛称赞道。

小七副官说:"$\frac{(6+20)\times 15}{2}=195$,我的妈呀! 老八将军半个月喝了 195 瓶酒,平均每天喝 13 瓶。"

"嘘……"牛牛示意小七副官小声点。

两名士兵抬着酒,走进一个大院子。这里的大门敞开着,看来,守门人睡觉去了,牛牛和小七副官跟着抬酒的人,大摇大摆走进去。

一进大门,就听老八将军在屋里大声喊:"那两个取酒的士兵跑到哪儿玩去了,怎么还不回来? 快派人给我去找! "

矮胖士兵赶紧笑嘻嘻地答道:"老八将军别生气,好酒已经抬来了! "

"哈哈哈……"老八将军一看见酒,怒气全消。他拿出一瓶酒,打开盖子,一仰脖就"咕咚咕咚"全灌进肚里。牛牛和小七副官站在门口假装成卫兵,透过玻璃窗往里看。

数 学 动 物 园 李毓佩
数学科普文集

老八将军一连喝了 20 瓶酒。瘦高士兵在一旁劝说："老八将军，您就别再喝了。明天上午您还要带领两个步兵纵队攻打七七王国哪！"

"去他的吧！攻打七七王国是小八的事，我——才不跟他玩那个——命呢！"看来老八将军已经醉得神志不清了。

矮胖士兵着急地说："那可不成啊，现在小八是司令，您不去攻打七七王国，就是不服从军令，要杀头的！"

"我——也不那么傻！"老八将军又喝了一大口酒，说，"明天我把两个步兵纵队的老弱残兵全带着，把精兵强将都留下。"

矮胖士兵说："您说说，一共有多少老弱残兵？带少了，小八司令会答应吗？"

老八将军说："你替我算算。上一次，两个纵队合在一起操练，所有的老弱残兵都合在一起，练习爆破。我从他们当中调走总数的 $\frac{1}{3}$ 还少 4 个人；练习过独木桥，我从余下的人中又调走 $\frac{2}{5}$ 还多 6 个人；最后剩下 30 个连跑都跑不动的老头儿兵。你们算算，有多少老弱残兵？"

矮胖士兵笑着说："这么难的问题，我哪里会算啊！"

"我来试试。"瘦高士兵自告奋勇地说，"设总数为 x。第一次您调走了 $\frac{x}{3}-4$，第二次调走 $\frac{2}{5}[x-(\frac{x}{3}-4)]+6$，最后还剩下 30 人。可以列一个方程式： $(\frac{x}{3}-4)+\frac{2}{5}[x-(\frac{x}{3}-4)]+6+30=x$。 $\frac{2}{5}x=\frac{168}{5}$， $x=84$。共有 84 名老弱残兵。"

矮胖士兵竖起大拇指，说："好样的！还会列方程。"

老八将军拍着瘦高士兵的肩膀，夸奖道："真不愧是咱们步兵纵队的数学家呀！"

矮胖士兵说："您只带 84 名士兵，也太少了！"

"不要紧。"老八将军很有把握地说，"我再把做饭的，扫地的，理发的全带上，也能凑个一两百人哪！哈哈……"

牛牛和小七副官高兴地互相点了点头，赶紧退了出去。

牛牛催促说："咱俩快回去吧，小八司令的'绝密行动'明天就要开始了。"

小七副官说："离天亮还有一会儿，不如咱俩先把充电机房破坏掉。机器人没了电，我看它们怎样逞威风。"

"好主意！"两个人跑到充电机房，打倒了卫兵，进去把里面的设备都砸坏了。

兵来将挡

牛牛和小七副官砸坏了八八王国的机器人充电房，平安回到了七七王国，向国王禀报侦察结果。

七七国王听说八八王国天一亮就要来进攻，觉得局势十分危急，立即传令文武百官到王宫开会。

不一会儿，众大臣齐集。七七国王把司令二人昨夜侦察到的情况说了一遍后，胖胖的警察局长接着说："我们用不着怕八八王国的进犯。'兵来将挡，水来土掩'，咱们有才智过人的数学司令，有威力无穷的圆形阵，还怕打不赢他们？"

"话可不能这么说。"教育大臣眨了一下眼睛，说，"司令上次是人家的手下败将，近来虽操练了圆形阵势，可是一仗未打，威力如何，还不好说。我看这次八八王国来犯，咱们是凶多吉少啊！"

教育大臣的话引起许多人的反对，一时间，大臣们分成了两派，一派同意警察局长的观点，一派赞同教育大臣的说法。大家你一言我一语，顿时吵得不可开交。

"好了，好了。"七七国王站起来，说，"不要吵了，大敌当前，吵有什么用？还是听听司令的高见吧！"

牛牛正在沉思，没有听见国王的话。

七七国王见牛牛不回答，着急地问："我的司令，你倒是说话呀！你真叫小八司令打怕了？"

"国王，我在考虑如何迎敌。"牛牛上前一步，说，"敌人分三路进攻，重点放在中路。我们也必须兵分三路，来个兵来将挡。"

"好！有气派！"七七国王赞扬说。

牛牛问："陛下，除去给我补足的 777 名士兵外，你还能凑出多少？"

"哎呀！没有了，没有了，再要会放枪的士兵，就只有警察局长手下的警察和我的皇家卫队了。"七七国王说着，回头问警察局长，"你有多少警察？"

"这个……"警察局长摸了摸秃脑袋，说，"具体有多少，我也说不清。我只知道警察食堂共有 165 只碗，吃饭时，每人用一只饭碗，每两人用一只菜碗，每三人用一只汤碗。嘿，不多不少正合适。"

七七国王不满地看了警察局长一眼，然后对牛牛说："请司令帮忙给算算。"

牛牛真有点儿哭笑不得，竟然用饭碗算人数！牛牛说："设警察总数为 1，这样，用来吃饭的碗数也为 1，而菜碗数为 $\frac{1}{2}$，汤碗数为 $\frac{1}{3}$，用总碗数除以这些份数之和，就求出了警察总数：$165 \div (1 + \frac{1}{2} + \frac{1}{3}) = 165 \div \frac{11}{6} = 90$（人）。"

警察局长点点头说："对，我想起来了，是 90 人。"

牛牛又问七七国王："你的皇家卫队有多少人？"

七七国王支支吾吾地说："这……要问我的卫队长。"皇家卫队长仪表堂堂，迈着正步走了过来。

七七国王问："卫队长，我的皇家卫队共有多少人哪？"

"这个……"卫队长挠挠耳朵说，"具体有多少人，我一时还说不清。不过，我昨天让一半人保卫王宫，四分之一外出训练，还有八分之一不知道去哪里了，营房里只剩下 11 名士兵。"

牛牛心想：这些七七王国的官员，怎么连一个识数的也没有呢？牛牛说："我来算吧，设皇家卫队的总人数为 1，剩下的 11 人占总数的几分之几呢？用 1 减去 $\frac{1}{2}$，减去 $\frac{1}{4}$，再减去 $\frac{1}{8}$，即 $1-\frac{1}{2}-\frac{1}{4}-\frac{1}{8}=\frac{1}{8}$，$11\div\frac{1}{8}=88$（人）。

牛牛算完，对国王说："我带领 777 名正规军防守中路，警察局长带领 90 名警察防守左路，卫队长带领 88 名卫兵防守右路。你俩只防不攻，等我打败了中路的敌人，再和你们会合。"警察局长和卫队长向牛牛行了个军礼，高喊"遵命！"

七七国王见一切安排妥当，威严地扫视了一眼众人，大声说："准备战斗！"

初显神威

东方刚刚露出一点鱼肚白，八八王国的进攻就开始了。30 辆军车开到阵前，360 名机器人跳下车，迅速排成 15 人一排，共 24 排的长方形队列，端着枪冲了上来。

由 768 人组成的圆形阵早已排好，但是牛牛并不急于把圆形阵拉出去，而是用炮火阻拦机器人前进。他计划把机器人拖住，消耗它们的电量。只要它们身上的电用没了，这 360 名机器人就成了一堆废铁！

这时，小八司令骑着马在后面拼命催促机器人进攻。可是攻了半天，没起作用。小八司令看到不行，急忙高举令旗，把机器人撤了下来，换了 100 名骑兵冲了上去。一瞬间，一队白马、一队红马、一队黑马像风一样往上冲，人喊马叫，刀光闪闪，叫人看了心寒。

小七副官对牛牛说："司令，该把圆形阵亮出来啦！"

牛牛高举令旗，大喊一声："出击！"圆形阵立刻像一个大车轮似的滚滚上前。八八王国的骑兵没见过这种阵势，立刻停止了攻击。

小八司令见状，立即把骑兵分成50人一队，从东西两面进攻。两支骑兵队猛烈冲击圆形阵，可是圆形阵在不停地转动——七七王国的768名士兵轮流阻击骑兵部队的进攻。

小八司令眼看攻不下来，又挥动令旗，把100人分成25人一队的四个分队，从四个方向向圆形阵进攻，可还是攻不下来。小八司令无可奈何，只得又把100人分成5队、10队、20队……连续变换进攻，可是不管小八司令把骑兵变成多少队，圆形阵却纹丝不动。十几次轮番冲锋以后，八八王国的骑兵败下阵来。

牛牛取得了第一场战斗的胜利！

小八司令吃了败仗，赶紧逃回王宫，找八八国王商量对策。八八国王也没见过圆形阵，一时不知如何是好。正在这时，从左路和右路进攻的士兵也败了下来，老八将军手里提着冲锋枪，满头大汗奔进来，大声喊道："国王陛下……国王陛下……这数学司令可真厉害！他的大车轮阵这么一转，就把我们给转败了。"

小八司令一肚子气正没地方出，看见老八将军那副狼狈相，便圆瞪着眼睛对他吼道："你还好意思说啊！你看看你带的都是些什么兵？老头儿兵、娃娃兵、缺胳膊断腿的，这还能不吃败仗吗？"

老八将军也不示弱，回敬道："你说左右两路都是老弱病残，可你的中路兵强马壮，怎么也叫人家打得屁滚尿流呢？"

八八国王连连摆手，说："不要争吵，我有办法攻破圆形阵啦！"

小八司令瞪大双眼，着急地问："什么好办法？"

你变我也变

八八国王顿了顿，问老八将军：“七七王国的圆形阵直径有多大？”

“这……这……”老八将军在一旁结结巴巴答不上来。小八司令年轻，脑子快，抢着回答：“大概有 100 米吧。”

“好！”八八国王捶了一下桌子，说，“必须把这个圆形阵切开。”

小八司令说：“我切过，可是切不开呀！这个圆形阵不断转动，我们无法全力以赴地去攻击它某个固定的地方。”

“你们过来。”八八国王打开军事地图，说，“离战场不远有一个山口，这山口只有 20 米宽，30 米长。你们算算，按横排每两个士兵间隔 1 米，排与排之间的距离也是 1 米来计算，这个山口可以容纳多少名士兵？”

老八将军抹了把头上的汗，说：“这个好算。每两名士兵间隔 1 米，山口宽 20 米，这样横排可以允许 20 名士兵通过。山口长 30 米，每排间隔 1 米，可以容纳 30 排。$20 \times 30 = 600$，最多可以容纳 600 人。”

老八将军刚刚算完，小八司令在一旁连连摇头说：“不对，不对。老将军你连种树都不会，还统领什么军队呀？”老八将军刚要发火，被八八国王给拦住了。

八八国王说：“10 米长的一条街，间隔 1 米种 1 棵树，就可以种 11 棵，11 棵树有 10 个空当嘛。这样算来，山口可以容纳 $21 \times 31 = 651$（人）。”

小八司令问：“算这个有什么用？”

“嘿嘿。”八八国王干笑了两声，说，“这你就不懂了。我们部队假装败逃，往山口方向退，七七王国这个大圆阵，是不能整个滚过山口的。到时候他必须把队列变成长方形队往山口里追，我们趁机下手，还怕打不垮他们？”

小八司令和老八将军同时竖起大拇指，称赞说：“国王高见！国王高见！”

数学动物园　李毓佩
数学科普文集

开完军事会议后，小八司令再次领着骑兵冲到阵前。两军刚交锋一阵子，小八司令大喊一声："撤退！"领着骑兵向山口撤去。

圆形阵紧追不舍，追到山口，停了下来。

小七副官奔到牛牛面前报告："山口太窄，圆形阵过不去。"

牛牛觉得事情蹊跷，便亲自测量了山口的长和宽，心算了一下，回头对小七副官说："我想把这个大圆阵化成几个小圆阵，小圆阵的直径不超过 20 米，半径的条数仍然是 16 条。你说咱们这 777 名士兵能排出几个小圆阵？"

小七副官说："如果每个士兵相距 1 米，选半径为 10 米，每个小圆阵就由 $10 \times 16 = 160$（人）组成，$777 \div 160 = 4 \cdots\cdots 137$。这样能组成 4 个小圆阵，还余下 137 名士兵。"

"不成，这样排，多余的士兵太多了。"牛牛说，"按半径上站 9 名士兵来算呢？"

小七副官说："$9 \times 16 = 144$，$777 \div 144 = 5 \cdots\cdots 57$，可以排 5 个小圆阵，余下 57 名士兵。"

牛牛点点头说："这就比排 4 个小圆阵强。再试试半径上站 8 名士兵。"

小七副官又先做乘法，后做除法，$8 \times 16 = 128$，$777 \div 128 = 6 \cdots\cdots 9$。小七副官高兴地说："啊！可以排 6 个小圆阵，只多出 9 名士兵。我再试试半径上站 7 名士兵。"说着他又算了一次：$7 \times 16 = 112$，$777 \div 112 = 6 \cdots\cdots 105$。算完他连连摇头说："站 7 个人不好，这样会多出 105 人。"

牛牛决定把大圆阵化成 6 个小圆阵，每个小圆阵仍由 16 条半径组成，每条半径上站 8 名士兵，圆心处再站一名排长，这样每个小圆阵有 129 个人，6 个小圆阵总共容纳了 774 名士兵。

这时小八司令正带了部队埋伏在山口，等候牛牛的部队来进攻。谁知攻上来的，并不是长方形的队列，而是 6 个转动着的小圆阵。这些小圆阵不断旋转，来势很凶。小八司令几次率领骑兵进攻，都败下阵来。他看情况不妙，急忙挥旗收兵，逃回王宫汇报军情去了。

高挂免战牌

小八司令快马加鞭，一口气跑回王宫。这时老八将军也撤了回来，正在挨国王的训呢！

小八司令报告说："进攻中路的 360 名机器人损失 81 名，100 名骑兵损失了 53 名。"

八八国王回过头问老八将军："两个边路的损失大吗？"

老八将军哭丧着脸说："边路损失也很大，几乎全军覆没呀！"

"啊！"小八司令大吃一惊，忙问，"机器人士兵损失了多少？"

老八将军眼珠一转，心想：上次开军事会议，你存心出难题，让我当众出丑，今天我也要难为难为你。于是，他慢吞吞地说："我的第一纵队、第二纵队和你的机器人士兵一共损失了 100 人，用第一纵队损失的人数除以第二纵队损失的人数，或用机器人士兵损失的人数除以第一纵队损失的人数，所得的商都是 5 余 1。你自己算算各损失多少人吧！"

老八将军像背绕口令般地说着，听得小八司令直皱眉头，但又没有办法，只好耐着性子算。他说："设你的第二纵队损失了 x 人，那么第一纵队损失的人数为 $5x+1$，我的机器人损失人数为 $5(5x+1)+1$。它们总数为 100，可以列个方程：$x+5x+1+5(5x+1)+1=100$，$31x=93$，$x=3$。那么，机器人纵队损失人数为 $5(5x+1)+1=5(5\times3+1)+1=5\times16+1=81$（人），第一纵队损失人数为 $5x+1=5\times3+1=16$（人）。"

小八司令看到计算的结果，大叫了一声，他咬着牙说："好啊，老八将军！这损失的 100 人当中，我的机器人士兵就占 81 名，而你的第一纵队才损失 16 人，第二纵队只损失 3 人。你为什么让我的机器人士兵遭受这么大的损失？"

老八将军微微一笑，说："道理很简单。你的机器人士兵冲在前面，这叫作'机器人打先锋'嘛！冲在前面的，损失自然就大！"

小八司令和老八将军正在争辩，一名士兵慌忙跑进来，说："报告小八司令，七七王国的司令在外面讨战！"

小八司令一跺脚，低声命令道："挂出免战牌！"

在外面讨战的牛牛，看见八八王国高挂起免战牌，便下令："撤兵，咱们也回去休息！"

新的阴谋

虽然小八司令挂出免战牌，但并不等于他决定不再向七七王国进攻。他和八八国王正绞尽脑汁策划新的阴谋。

八八国王说："咱们吃了败仗，军队损失不少，看来硬拼是不成了。"

"难道我们就不进攻七七王国了吗？"小八司令还不甘心。

"不，不。"八八国王摇摇头说，"你想想，七七王国的圆形阵由谁操练，由谁指挥？"

小八司令说："当然是他们的数学司令——牛牛喽！"

"对！只要咱们把牛牛制住，他们的整个军队还有不乱之理？"八八国王又在小八司令耳朵旁小声嘀咕了几句。小八司令高兴地说："好主意！"商量完计策，两个人哈哈大笑。

牛牛回到营地，刚吃过早饭，忽听八八王国阵地中炮声隆隆。他用望远镜一看，八八王国已经摘下免战牌。阵地上站着八八国王、小八司令和老八将军，还有许多士兵。牛牛跳上马背，带了小七副官、警察局长和皇家卫队长迎了出去。

八八国王看见牛牛过来，笑着说："数学司令，我的老朋友，你训练的圆形阵非常厉害，只一个回合就把我们的小八司令打得损兵折将。我劝小八司令不要再打了，可是他不服气，他说作为一名出色的司令，不仅要数学好，还要枪法好，会骑马，能驶船，善于随机应变。他要在这些方面和你比试一下，你敢吗？"

牛牛有些为难，他知道自己的枪法和骑术不如小八司令，可是不比，他们又不会答应。牛牛问："如果我赢了怎么办？"

八八国王说："你赢了，我们立刻撤军，八八王国永不侵犯七七王国！"

牛牛追问："如果我输了怎么办呢？"

小八司令冲上前，两眼一瞪，恶狠狠地说："你们七七王国就向我们八八王国投降！"

牛牛听了小八司令的话，气不打一处来："比就比，谁怕谁是小狗！"

"好，好。"八八国王在一旁拍手说，"咱们一言为定，说话可要算数！"

比赛开始了。小八司令策马来到阵前，把牛牛请到小河边。河边有一匹马，河里有一条船。小八司令说："沿着河走，前面有一棵树，树上挂着一个盒子，盒子里装着一颗宝珠，谁先到达，谁就可以得到它。可以乘船去，也可以骑马去。如果骑马去取，在全路程的 $\frac{2}{3}$ 处立有一块红牌，见到红牌要下马改为步行。"

牛牛问："船的速度和马的速度各是多少？"

小八司令回答："马的速度是船的速度的 3 倍，步行的速度是船的速度的 $\frac{2}{5}$，骑马还是乘船，任你挑选。"

牛牛心想：我需要先计算一下，然后再决定是骑马还是乘船。要算什么呢？算一下从这儿到挂盒子的树，骑马和乘船，哪种方法用的时间短。路程不知道，可以设这段路程为 1，速度也不知道，可以设船的速度为 1，这时骑马的速度为 3，步行的速度 $\frac{2}{5}$。这样一来，乘船的时间可以由公式"时间 ＝ $\frac{路程}{速度}$"来计算：

$$乘船所用时间 = \frac{1}{1} = 1$$

$$骑马走了全路程的 \frac{2}{3}，所用时间 = \frac{\frac{2}{3}}{3} = \frac{2}{9}$$

$$步行走了全路程的 \frac{1}{3}，所用时间 = \frac{\frac{1}{3}}{\frac{2}{5}} = \frac{5}{6}$$

这样，骑马去取宝珠所用的时间，等于骑马所用时间与步行所用时间之和，即 $\frac{2}{9} + \frac{5}{6} = \frac{19}{18}$。因为 $\frac{19}{18} > 1$，所以乘船快。

牛牛心里有底了，转身对小八司令说："我决定乘船去取宝珠。"说罢跳上了船。小八司令则跨上马。八八国王一声令下，牛牛驾船，小八司令骑马，二人向同一个方向行进。

牛牛驾着船快速往前行，心想：这颗宝珠一定是我先拿到手。谁想，牛牛还没到，小八司令手捧盒子，笑嘻嘻地回来了。

小八司令拿着宝珠在牛牛眼前一晃，说："数学司令，宝珠在这儿，这次我胜了！"

牛牛指着小八司令，愤怒地说："你一定搞鬼了！我计算过，应该是我先取到宝珠！"

小八司令笑嘻嘻地说："不管你怎样算，反正宝珠在我手里，你输了！"

牛牛正纳闷儿，只见小七副官骑着马，飞快地赶来。小七副官大喊："骗人，完全是骗人！我骑着马远远跟着小八司令，见他到了红牌处也不下马，又骑马走了很长一段路，才改成步行的！"

牛牛质问小八司令："这究竟是怎么回事？"

"这个……"小八司令瞠目结舌，一时不知说什么好。

"误会，误会。"八八国王跑来给小八司令解围。他说："小七副官是七七王国的人，他出来作证，恐怕不大合适吧？我看取宝珠这场比赛就算了，就算个平手。你们再进行下一项吧！"

"哼！"牛牛最看不起别人弄虚作假，心想：这下我可要留个心眼儿。他小声对小七副官嘀咕了几句，小七副官点了点头，上马走了。

牛牛转身问："下一项比试什么？"

"比试枪法，看谁的枪法准！"小八司令自信满满。

"比就比，怎么个比法？"牛牛摸了摸腰间的手枪，说。

"每人打 4 枪，这 4 枪中的环数加起来要正好是 100，否则就算输。"

"那容易！"牛牛不屑一顾地仰起头，"谁先打？"

"当然是阁下先打啰。"小八司令狡黠地扬扬手。

"好吧。"牛牛叫士兵在 100 米处放上一只靶子，然后拔出手枪，闭上一只眼睛，连发 4 枪，子弹分别打中 19、21、29、31 环，加起来正好 100 环。瞬间，七七王国的士兵们发出一阵欢呼。

接着，轮到小八司令上场了。他掏出手枪，第一枪打了 37 环，第二枪打了 21 环，第三枪又打了 21 环。牛牛心里明白：37＋21＋21＋21＝100，小八司令如果再打中一个 21 环，也正好是 100 环。

大家正在等待小八司令打最后一枪，小八司令却冷不防掉转枪口，对准了牛牛。小七副官见状，情急之下直接向牛牛扑去。说时迟，那时快，随着小八司令一声枪响，子弹击中了小七副官的手臂。牛牛吃了一惊，连忙叫士兵把小七副官扶下去包扎伤口，自己则挥动令旗，指挥士兵们冲锋。霎时间，两军交战，一片混乱。

数学动物园 李毓佩
数学科普文集

最后辞别

八八王国的士兵见自己的司令做了亏心事,有些心虚,而七七王国的士兵看到自己的小七副官无辜受伤,则是怒气冲天。他们呐喊着,把八八王国的士兵杀得落花流水。八八国王一看形势不好,带了小八司令就逃。八八王国的士兵们看见自己的国王和司令败退了,也跟着抱头逃命,溃不成军。

七七王国打了个大胜仗,牛牛带着士兵班师回朝,七七国王特地备了宴席,为大伙儿庆功。

大家吃得正高兴的时候,只见一名士兵拿着一封信跑了进来,向七七国王报告说:"这是八八国王给陛下的亲笔信。"

七七国王拆开信,从头到尾看了两遍,对众人说:"八八国王来信,他表示愿意停止战争,要求与我们会谈。"大臣们议论纷纷,有的说,八八王国打了败仗,只好和谈认输;有的说,这是八八国王搞的缓兵之计。

牛牛问:"我们两国分别有哪些人参加会谈?"

七七国王朝左右扫了一眼,干咳一声,说:"咱们这方有你——数学司令,小七副官;他们有小八司令和老八将军。司令,你说咱们是去还是不去?"

"去!"牛牛态度很坚决,"会谈的时间和地点呢?"

七七国王说:"信上是这样写的:'请于今日上午 x 时,在两国边界的 y 山头上参加谈判,只许带 z 名士兵前来。其中 x、y、z 的乘积等于 1001。'你说这不是存心刁难人吗?"

教育大臣生气地说:"会谈的地点和时间不讲明白,咱们就不去。"

牛牛摇摇头说:"咱们不去,人家会笑话咱们算不出 x、y、z。"

教育大臣为难地说:"可是,这 x、y、z 怎么算哪?"

"既然 x、y、z 的乘积等于 1001,咱们可以先把 1001 分解成质因数乘积的形式。"牛牛边算边问，"边界上有几座山头？"

小七副官回答："一共有 10 座山头。"

"算出来啦！ $1001=7\times 11\times 13$，山头的数目小于 10，因此 $y=7$。时间是上午，说明 $x<12$，因此 x 为 11。所以是在上午 11 点，第 7 个山头，带 13 名士兵。"牛牛高兴地说。

七七国王一看手表，已经是 9 点半了。他叫大家快点把东西吃完，然后带领牛牛、小七副官等一行人，向第 7 个山头赶去。

几乎是在同一时间，八八国王也带了小八司令和老八将军等人到达。大家在山顶上的一张小石桌前坐定，各自的卫兵站在后面，气氛十分紧张。

沉默了一会儿，八八国王拿出一卷纸，递给七七国王，说："为了两国边界永保和平，我们提出了一个划分边界的方案，请阁下过目，看看合不合适？"

七七国王接过方案一看，上面写的第一条是关于边界 10 个山头的划分：

> 七七王国分得山头数的 50%，比八八王国分得山头数的 $\frac{1}{6}$ 还多一个山头。

"嗯？"七七国王捧着纸，犹犹豫豫地看了牛牛一眼。

牛牛上前一步说："我来算！设我们分得的山头数为 x 个，他们就分得 $(10-x)$ 个。50% 也就是 $\frac{1}{2}$，我们的 50% 比你们的 $\frac{1}{6}$ 还多一个山头，可列出个方程：$\frac{1}{2}x-\frac{1}{6}(10-x)=1$，$\frac{1}{2}x+\frac{1}{6}x=1+\frac{5}{3}$，$\frac{4}{6}x=\frac{8}{3}$，$x=4$。按你的方案，你们分得 6 个山头，我们分得 4 个山头。为什么你们要比我们多分 2 个山头？"

"不干！"七七国王生气地说，"一边 5 个山头，少一个也不干！"

数学动物园　李毓佩
数学科普文集

"好，好！每国 5 个山头。"八八国王见第一条没有骗住七七国王，就答应了。

七七国王接着看第二条，是关于两国裁军办法的：

把七七王国的军队裁减下 $\frac{2}{7}$ 给八八王国，这时八八王国的军队人数恰好是裁减后的七七王国军队人数的 2 倍。包括七七王国裁减给八八王国士兵数在内，八八王国共裁减 $\frac{2}{6}$ 的士兵。

七七国王指着条文说："你这不是存心绕人玩儿吗？"

八八国王说："你裁减 $\frac{2}{7}$，我裁减 $\frac{2}{6}$，我裁减的比你多！"

"谁多谁少，要算完了再看！"牛牛边说边算，"我们共有 777 名士兵，裁减下 $\frac{2}{7}$ 就是 222 人，还剩 555 人。把这 222 人给你们，你们的士兵数就是 555 人的 2 倍，也就是 1110 人。"

"我们裁减下的士兵为什么给你？"七七国王很生气。

牛牛继续说："1110 人裁减 $\frac{2}{6}$，是 370 人，减去七七王国的士兵 222 人，你只裁减 148 人。你的士兵数是 1110−222＝888（人），你实际只裁减了 $\frac{148}{888}=\frac{1}{6}$，比我们少多了！"

"哼！既然你们没有诚意，咱们还是接着打吧！"七七国王说完，站起来就要走。

八八国王听说又要把圆形阵拉出来，可吓坏了，赶紧拦住七七国王，说："我也把 888 名士兵裁减掉 $\frac{2}{7}$。"

两位国王在和约上签了字，保证两国和平共处，永不打仗。

七七国王签完和约，准备开庆功会，却发现牛牛不见了。他正焦急，只见一位卫兵送来了一封信。国王打开信一看，只见上面写道：

尊敬的七七国王、亲爱的小七副官：

　　我来七七王国有好些日子了。你们让我当数学司令，其实我还是个小学生，数学学得很不好。尤其在实际使用中，更觉得自己的知识不够。为此，我决心回到学校去踏踏实实地学习数学，同时学好其他课程。

　　这段时间，在和八八国王、小八司令打交道的过程中，我懂得了这样一个道理：一个人从小要树立良好的道德品质，不欺负别人，不贪人家便宜，长大做一个有益于人民的人。

　　再见了！

牛牛

　　"数学司令走啦，呜呜……"七七国王看完信，哭了起来。小七副官哭得更伤心，他对七七国王说："我去追司令！"

　　七七国王拦阻说："不用去追啦！让咱们的数学司令多学点知识，将来再回来当司令吧！"说着，七七国王拉着小七副官爬上王宫的最高层，目送牛牛的背影消失在远处。